L'ÉLECTRICITÉ

APPLIQUÉE AU

SONDAGE DES MERS

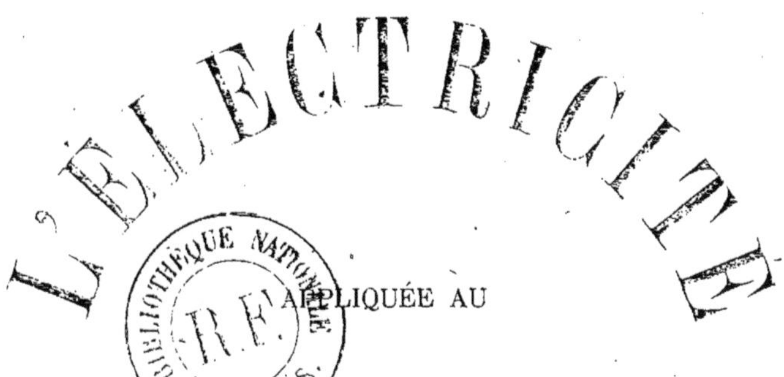

L'ÉLECTRICITÉ

APPLIQUÉE AU

SONDAGE DES MERS

PAR

PAUL HÉDOUIN

LES CABLES ÉLECTRIQUES SOUS-MARINS

I. — SONDAGE DES MERS
II. — APPAREILS DÉJA CONNUS ET APPLIQUÉS
III. — ÉLECTRO-BARATHROMÈTRE

PARIS.
E. LACHAUD LIBRAIRE-ÉDITEUR
4, PLACE DU THÉATRE-FRANÇAIS, 4.

1870

Depuis le jour où le philosophe Thalès de Milet, six cents ans avant l'ère chrétienne, remarqua le développement de l'électricité à la surface des corps par le frottement, électricité statique, *les découvertes rares et d'une application difficile prirent à la fin du* XVIe *siècle un nouvel essor sous l'impulsion du docteur Gilbert, de Londres, et se multiplièrent sans interruption.*

Mais c'est en 1786 que Galvani indiqua, par sa fameuse expérience fondamentale rectifiée peu après par Volta, la propriété de l'électricité dynamique : *fluide impondérable, d'une origine et d'une nature inconnues, si remarquable par les effets merveilleux que la science en a obtenus en moins d'un demi-siècle.*

Les magnifiques expériences de Faraday, de Morse, de Hughes et de Caselli n'étaient pas la dernière expression des résultats que l'on doit attendre de la théorie des circuits électriques, et le monde étonné devait bientôt voir se réaliser la plus téméraire et la plus gigantesque entreprise du siècle : transmettre instantanément sa pensée à travers l'énorme masse liquide, par le moyen de ce puissant agent électrique dont la vélocité est comparable à celle de la lumière.

Le principal sujet de nos recherches étant d'en rendre l'exécution plus facile, nous ne franchirons pas les limites que nous nous sommes imposées, en étudiant succinctement les causes prédominantes qui ont fréquemment retardé la réussite de la pose des câbles sous-marins.

Nous relatons, dans cette Notice, toutes les tentatives qui ont été faites pour arriver à connaître le fond de l'Océan, et nous terminons par l'exposé de notre système d'application de l'électricité à la mesure des profondeurs sous-marines.

La présence à bord de l'agent même qui sert de base à notre système en facilitera d'ailleurs l'admission, naturellement indiquée.

Par là s'enrichiront les sciences géologiques de précieux documents qui leur font trop souvent défaut; de plus, de nouveaux éléments précis, indispensables, viendront aider à compléter la science, encore obscure, des révolutions qui sont venues successivement bouleverser notre planète.

Utilité scientifique, nécessité pratique industrielle, tel est le double but que nous visons, but auquel nous croyons atteindre.

Le lecteur en jugera.

AVANT-PROPOS

LES CABLES ÉLECTRIQUES SOUS-MARINS.

L'origine des câbles sous-marins remonte à 1839.

Sir O'Shaughuessy en fit la première tentative dans l'Inde anglaise. Les rives opposées d'un bras du Gange, le fleuve Hougly, communiquèrent par un fil de cuivre isolé placé sous l'eau et relié par les bouts à des appareils électriques. Ce résultat démontra la possibilité des cordons sous-marins.

En 1842, M. Morse, américain, faisait dans le port de New-York une expérience décisive de télégraphie sous-marine, en prouvant qu'un conducteur bien isolé pouvait traverser la mer en livrant passage au courant électrique.

Quelques années plus tard, de légers fils métalliques d'une longueur de 20,000 kilomètres devenaient les intelligents interprètes de l'ardente pensée qu'ils transmettaient, sur l'aile de l'électricité, dans de nombreux pays aux membres épars de la grande famille humaine séparés par les mers, obtacles dont la science a triomphé.

Des plumes autorisées ont fait l'historique de ces travaux multiples. M. Louis Figuier, dans son livre *les Merveilles de la science*, analyse et enregistre toutes les tentatives qui ont eu lieu dans les différentes parties du monde. Nous ne donnerons que l'esquisse sommaire des expériences de 1858, 1865 et 1866. Elles font partie intégrante de notre sujet par les sondages qu'elles ont nécessités.

Chacun se rappelle les émouvantes péripéties de l'immersion du câble de 1858. Repêché à différentes reprises pour la réparation des coques ou nœuds qui interceptaient la transmission du courant, il fut enfin, après une traversée pleine d'incidents, relié à ses deux points d'atterrissement : Valentia — côté de l'Irlande — et Saint-Pierre — Terre-Neuve.

Les premiers signaux, d'abord corrects, devinrent inintelligibles et cessèrent tout à fait. Cette interruption provenait de l'altération physique produite sur le câble, soit par le glissement sur les poulies et les bobines de déroulement, soit par le frottement du cordage sur un fond rocailleux, où la corrosion de l'eau de mer avait complété sa destruction.

A la station télégraphique de Saint-Pierre, l'électromètre indiqua que la partie endommagée existait à une distance très-éloignée des côtes. On en releva quelques kilomètres et l'on s'aperçut que l'enveloppe extérieure principale, composée de fils de fer, oxydée par les dissolutions salines, n'offrait plus aucune consistance. Il fut définitivement abandonné.

Il semblait que la fabrication, perfectionnée à la suite, ne laissait rien à désirer sous le rapport des conducteurs du fluide, des enveloppes isolantes et de l'armature extérieure principalement destinée, par son poids, à précipiter sa descente en le préservant de l'action mécanique des vagues.

On a reconnu depuis que cette armature métallique avait le défaut de donner naissance à des *courants d'induction*, qui paralysaient, en la neutralisant, la marche du courant principal.

Dans le passage de l'électricité positive, l'enveloppe extérieure se charge, par influence, d'électricité négative, et le fluide positif qu'elle repousse est absorbé par les dissolutions salines qui lui offrent un facile passage.

Pour obvier à cet inconvénient qui retardait le transport du courant intérieur, M. Witehouse a imaginé un pendule ingénieux; dans l'intervalle marqué par ses oscillations avec les pôles de la source d'électricité, il envoie alternativement dans le câble un courant positif et un courant négatif, annulant ainsi les courants d'induction.

Les atteintes de petits animaux perforants, redoutables rongeurs qui attaquent comme le taret, même les roches les plus dures, étaient évitées en recouvrant l'enveloppe protectrice d'une couche de peinture composée de substances toxiques, lesquelles sous l'influence de l'eau de mer forment un poison excessivement violent.

La distance de Valentia à Terre-Neuve est, en droite ligne, de 3,100 kilomètres. La longueur du nouveau câble projeté étant de 4,000 kilomètres, on supposait que l'immersion aurait lieu dans d'excellentes conditions. Cette partie supplémentaire paraissait suffisante pour suivre les sinuosités concaves et convexes du sol sous-marin, afin d'éviter la suspension du câble dans la masse liquide.

M. Dayman, de la marine britannique, fut chargé de vérifier les sondes que M. Berryman, lieutenant américain, avait jetées dans l'Atlantique nord, en 1857, et au moyen desquelles cet officier en avait tracé la coupe verticale. (*Pl. I, Fig. 1 et 2.*)

Ces diverses explorations révélaient un terrain d'une étendue uniforme et accessible dans presque tous ses points.

Ce terrain, appelé par Maury *plateau télégraphique*, est de 400 lieues carrées environ. On décida unanimement que le câble reposerait sur cette partie du fond de l'Océan.

Sa profondeur moyenne, estimée à 12,000 pieds, en atteint plus de 15,000 au 26e degré longitude ouest.

Le fond de la mer présente à très-peu près les mêmes accidents de terrain que la surface du globe. Les îles sont les sommets des plus hautes montagnes, de profondes vallées, de vastes cavités que surplombent des escarpements prononcés ; des pentes abruptes, colossales falaises sous-marines s'élevant presque perpendiculairement à 6 et 7,000 pieds, forment l'ancien continent, autrefois à découvert et maintenant englouti sous les flots.

Tout semblait donc prévu et le succès de la pose ne laissait aucun doute.

Mais la première difficulté consistait dans l'incertitude des sondages opérés à de *grandes profondeurs*, par les moyens connus jusqu'alors ; et l'expérience a prouvé que là fut la principale cause des retards apportés sans cesse à l'opération. En second lieu, le filage du câble ne s'accomplissait pas toujours au gré des ingénieurs-électriciens. Les guides, les appareils automoteurs, les treuils ou tambours de déroulement étaient loin de fonctionner régulièrement.

Des accidents imprévus, multipliés, désespérants, se

reproduisaient à chaque instant, et compromirent le succès final de cette belle entreprise.

M. Cyrus Field et les ingénieurs, sans que leur ardeur se ralentît de ces déceptions, poursuivirent avec une habileté digne d'éloges le but de tant d'espérances, et la fabrication d'un autre câble fut encore décidée.

Leurs persévérants efforts ne devaient pas rester stériles.

Des commissions furent nommées pour connaître les causes réelles du désastre et en éviter le retour en prenant les soins les plus minutieux, et préparer ainsi la plus belle conquête des temps modernes : le triomphe de l'intelligence sur les éléments.

Un second insuccès allait encore mettre à l'épreuve la persévérance et le zèle infatigables des entrepreneurs. Le câble de 1865, nouvellement construit et renfermé dans les vastes flancs du *Great-Eastern* se brisa en plein Océan. Immédiatement M. Cyrus Field rentra en Angleterre, fit la commande d'un troisième câble, et, en 1866, le jour arriva où la communication électrique entre les deux continents était bien et véritablement établie.

Le *Great-Eastern*, pour couronner dignement la réussite de ce grandiose projet, suivit le câble précédent jusqu'à l'endroit de sa rupture, à 1,300 kilomètres de Terre-Neuve, et le releva par une profondeur de 3,600 mètres. On le répara, et il fonctionne aujourd'hui, à la vive satisfaction des actionnaires, avec la spontanéité et la docilité du troisième câble de 1866.

Ce chef-d'œuvre, fruit d'un travail de paix et de concorde, sera à jamais inscrit dans les fastes du génie humain.

Les câbles électriques sous-marins comprennent trois opérations, savoir :

1° Le sondage ;

2° La fabrication ;

3° Et l'immersion.

Chacune d'elles exige impérieusement l'accomplissement sévère de travaux multiples et délicats, sous peine de voir l'œuvre gravement compromise à la dernière heure.

De ces trois opérations, le sondage est la principale, attendu qu'il prépare et facilite l'immersion.

Les études préliminaires de sondage font connaître la route à suivre, les sinuosités et la nature du fond de la mer, en indiquant les endroits où des matières attaqueraient chimiquement l'armature du câble et la détruiraient entièrement par l'hydrogène sulfuré qu'exhalent les sols volcaniques.

Cette question est importante, car il s'agit de la conservation des câbles pendant leur long séjour sous les eaux.

Fabriqués de manière à résister le plus longtemps possible à l'action de l'eau salée, les câbles sont recouverts de vernis spéciaux — composés bitumineux d'une efficacité douteuse — qui les protégent contre les mollusques destructeurs.

Mais quelle sera sa durée, si le câble immergé reste suspendu entre deux pitons sous-marins que les sondes actuelles auront été impuissantes à faire connaître ?

Cette tension continue sur un fond rocailleux ou rocheux occasionnerait évidemment la rupture des conducteurs.

La solidité du câble reconnue, résistera-t-il au poids successif des coquillages et des végétations subaquatiques qui s'accumuleront sur lui (1)?

Les torons du cordage en s'allongeant amèneront la déchirure des enveloppes isolantes et des fils conducteurs. Cette épaisse couche de parasites sera un obstacle sérieux pour le relever et retrouver la partie endommagée (2).

Si au contraire le câble repose entièrement au fond, aucun cas de rupture ne sera à redouter, et les couches végétales qui le recouvriront, au lieu d'être une cause de difficultés pour la visite, devenue inutile, le garantiront de l'action corrosive des dissolutions salines.

Ce résultat ne pourra être obtenu qu'au moyen de sondes nombreuses et faites par des procédés certains.

De nouveaux instruments de sondage seront appelés à combler cette lacune.

---

(1) Il faut aussi préserver le conducteur des dépôts de coquillages qui sont un si grand obstacle au relèvement des câbles. — *Merveilles de la science*, page 195. Louis Figuier.

En relevant le câble sous-marin de Bone à Cagliari, on a ramené des coquilles d'huître, *moulées sur le câble comme si elles y avaient pris naissance*. M. Alphonse Milne Edwards a reconnu dans les échantillons *l'ostrea-cochlear*, espèce connue dans la Méditerranée où on l'a déjà trouvée à des profondeurs considérables. — *Le Fond de la mer*, page 36. Léon Renard.

De même, dans la Méditerranée, le câble télégraphique qui rejoignait l'île de Sardaigne à la côte de Gênes *s'étant rompu*, on trouva que ses fragments étaient recouverts de polypiers et de coquillages, *donnant à certaines parties du fil la grosseur d'une barrique*. — *La Terre*, page 601. Elisée Reclus.

(2) La machine à vapeur placée sur le pont du steamer était d'une grande puissance, car elle avait à déployer des efforts très-grands, surtout lorsque le câble était enfoncé dans le sable, ou recouvert de végétations marines et même de coquillages de tous genres. — *Merveilles de la science*, page 199. Louis Figuier.

Les deux derniers câbles océaniens différaient essentiellement de celui de 1858.

Le câble de 1865 pesait, par kilomètre, dans l'air : 982 kilogrammes ; dans l'eau : 390 kilogrammes. Il pouvait facilement soutenir son poids sur une hauteur verticale de 2,000 mètres. Son diamètre était de 27 millimètres.

Sa longueur totale étant de 4,760 kilomètres, plus un câble côtier d'atterrissage de 50 kilomètres, un excédant de 40 p. 0/0 restait pour les ondulations du terrain.

Le câble de 1866 fut à peu de différence construit dans les mêmes proportions.

L'excès de longueur des câbles varie de 25 à 50 p. 0/0, afin de suivre les variations du fond, mais nous devons ajouter qu'une superfluité de matière première inutilement sacrifiée, représente une somme considérable, quoique l'outillage ne soit pour rien dans ce surcroît de dépenses.

Une économie très-appréciable serait faite si les dépressions du fond de l'Océan étaient indiquées avec précision, et les expérimentateurs y trouveraient un avantage marqué. Certains du résultat, ils agiraient promptement, en toute sécurité, évitant peut-être ainsi de nouveaux désastres.

L'immersion a lieu dans la belle saison, mais un subit changement de temps n'est-il pas toujours à redouter ?

Quelle que soit la solidité du câble, il ne pourra résister à un tangage violent et se brisera dans une bourrasque. Il y a donc intérêt majeur à opérer le plus rapidement possible.

Si la machinerie, bien installée, fonctionne convenablement, si la marche du câble est calculée proportionnellement à la profondeur de l'eau et à la vitesse du navire, aucune rupture ne sera à craindre dans l'immersion. Le poids du câble, si considérable qu'il soit, ne pourra jamais la déterminer.

L'expérience que l'on a acquise dans ces grandes tentatives a été profitable. Par de nombreux sondages, au moyen desquels le profil des mers sera tracé suivant toutes les latitudes et toutes les longitudes, le succès complet de la pose des lignes sous-marines sera désormais assuré.

Câble Français.

Le câble français qui relie directement la vieille Europe au nouveau monde, de Brest à Duxbury (Massachussets), ses deux points d'attache, a été fabriqué, construit et posé à travers l'Atlantique, en 1869, avec un rare bonheur par la Compagnie anglaise.

L'opération, habilement menée, n'a pas duré moins de vingt-six jours et a réussi au delà de toute espérance. Ce résultat tient évidemment aux nombreuses explorations du sol sous-marin qui depuis une vingtaine d'années ont été faites entre les deux hémisphères (Atlantique nord).

Ainsi qu'on pourra le remarquer en consultant les pavillons (*Pl. I, Fig. 3*), le câble français est parallèle aux câbles anglais dans sa plus grande longueur, et repose également sur le *plateau télégraphique* désigné par Maury.

Cette grande expédition scientifique et industrielle a passé presque inaperçue, en France, au milieu des événements d'un autre ordre qui captivaient alors l'attention des puissances occidentales, et ce n'est que dans les journaux anglais et américains qu'il a été possible de puiser des renseignements authentiques sur l'immersion, à laquelle ont pris une part active le *Great-Eastern,* le *William-Cory*, le *Chiltern*, le *Gulnare* et la *Scandéria.*

Félicitons sincèrement nos voisins d'outre-Manche du triple résultat qu'ils viennent d'obtenir. Ces vaillantes entreprises ne sont-elles pas le gage le plus certain de la future alliance des nations ?

PREMIÈRE PARTIE

DU SONDAGE DES MERS

OBSERVATIONS GÉNÉRALES

I

Les régions étoilées et le domaine des eaux bleues. — Croyance des anciens sur la profondeur de la mer. — L'homme met deux mille ans pour explorer la masse liquide. — Expédition de Gustave Lambert au pôle Nord. — Superficie de la mer. — Son volume. — Son poids. — L'évaporation. — Les profondeurs sous-marines offrent-elles plus de difficulté à mesurer que les espaces célestes ?

..... On a sondé ces régions voilées ;
Les bornes du possible ont été reculées !
Un mortel a pu voir, armé d'un œil géant,
Osciller des lueurs aux confins du néant.
C'est vous dont notre Herschell, ô pâles nébuleuses,
Découvrit les clartés qu'on dirait fabuleuses !
Il aperçut en vous des germes d'univers,
Qui, selon leurs aspects et leurs âges divers,
Ou contenaient encore leurs semences fécondes,
Ou déjà répandaient leurs poussières de mondes !

J. Ampère.

La mer ! partout la mer ! des flots, des flots encor
L'oiseau fatigue en vain son inégal essor.
Ici les flots, là-bas les ondes ;
Toujours des flots sans fin par des flots repoussés,
L'œil ne voit que des flots dans l'abîme entassés
Rouler sous les vagues profondes.

Victor Hugo (*Les Orientales*).

Le Ciel avec ses brillantes constellations a plus particulièrement captivé l'attention des premiers observateurs qui essayèrent de tracer le cours que l'astre radieux, source de chaleur et de vie, et son resplendissant cortége de globes lumineux décrivent silencieusement dans le champ de l'infini.

C'est ainsi que les notions élémentaires de cosmographie apparurent dès la plus haute antiquité.

Le mouvement réel de notre planète étant ignoré, le déplacement apparent de tout le système céleste conduisit évidemment les anciens à émettre des théories imaginaires, très-compliquées, d'une étrange et fantastique conception. Mais cette étude donnait naissance à une science nouvelle, dont les progrès furent lents tout d'abord, et qui devait rencontrer sa consécration définitive, alors que Galilée et Newton démontrèrent la puissance attractive des corps, cette grande loi générale de la nature, en un mot la gravitation universelle.

La mer, elle aussi, a été de tout temps un inépuisable sujet d'étude et de méditation pour les savants et les philosophes.

Que de souvenirs, en effet, ses merveilleuses légendes et sa sublime poésie n'éveillent-elles pas dans l'imagination !

Pendant bien des siècles on n'eut que des idées confuses sur la superficie et la profondeur de la mer. Les anciens, dans la contemplation de sa vaste surface, la considéraient comme infranchissable : ils croyaient qu'elle était sans limites et sans fond.

Les premières cartes géographiques élaborées par Homère, Ptolémée et Strabon n'en donnent qu'une imparfaite image; comment d'ailleurs faire la description du réservoir immense, ce berceau mouvant de la vie où se meut l'effroyable masse liquide ?

Nous ne connaissons guère encore que la partie soumise aux agitations de l'atmosphère et ses profondeurs à 5 ou 600 mètres. La couche immobile, morne, obscure des *eaux bleues*, placée entre l'écorce terrestre et les courants supérieurs d'eau froide et d'eau chaude, est restée impénétrable aux investigations des marins.

Si nous remontons à l'époque reculée où les Phéniciens franchissaient, sur de fragiles esquifs, les colonnes d'Hercule et s'aventuraient dans l'Atlantique à peine au delà des côtes africaines, nous embrassons par la pensée, dans le rapide examen de cette longue succession de siècles, les principales découvertes et les deux grandes expéditions qui devaient nous faire connaître la vérité sur l'immense étendue d'eau qui recouvre les trois quarts de la masse solidifiée.

En 1492, Christophe Colomb, avec ses légères caravelles aux vives allures, découvre l'Amérique après une traversée de trente-cinq jours, double l'étendue des continents et ajoute un nouveau fleuron à la couronne d'Espagne.

Au seizième siècle, l'imposante marine du Portugal franchit glorieusement le terrible cap de Bonne-Espérance, fait connaître l'existence d'une mer libre et nous ouvre la route de la plus belle et de la plus féconde partie du monde, l'Océanie.

Dans sa lutte perpétuelle contre les éléments, l'homme élargissant sans cesse le cercle de ses connaissances et bravant les dangers, a audacieusement étendu son empire sur la plaine liquide que le poëte sacré des Grecs désignait sous le nom de *fleuve Océan*.

On peut certainement admettre que, de nos jours, l'étendue des mers réparties sur le globe jusqu'aux régions circumpolaires est exactement déterminée.

Les héroïques entreprises accomplies aux pôles par d'intrépides navigateurs sont restées sans résultat décisif, mais une nouvelle expédition va explorer les extrêmes limites du monde, et Gustave Lambert, armé de la foi qui animait l'immortel Génois, aura la gloire, c'est notre conviction, de lever prochainement le voile épais qui nous cache encore ces contrées inhospitalières et désolées.

Si la surface des mers nous est connue (1), nous savons aussi que leur volume est invariable (2). Les rosées, les neiges, les pluies et les fleuves, sources intarissables, compensent la déperdition produite par l'évaporation qui enlève chaque année une couche moyenne de 14 pieds.

L'évaporation n'est pas universellement répartie d'une manière uniforme; elle diffère suivant les lieux et les saisons.

Dans cet admirable effet reproducteur, la chaleur employée pour transformer en vapeurs cette quantité d'eau est égale au tiers de celle que le soleil nous envoie.

Mais si l'on connaît ainsi presque entièrement cette immense superficie des océans, il reste encore à en déterminer les profondeurs, à connaître avec exactitude les reliefs des bas-fonds; il reste à dresser les cartes fidèles des régions sous-marines, avec la même précision qu'on apporte à dresser celles des continents.

Cette étude présente des difficultés sérieuses, il est vrai.

Sont-elles insurmontables?

---

(1) La superficie dominante de l'Océan sur le globe est de 38,320,000 kilomètres carrés.

(2) Sir John Herschell a calculé que si leur profondeur était en moyenne de 6,500 mètres, leur volume serait de 3 millions de myriamètres cubes, soit un neuf cent cinquante-cinquième de la masse terrestre, représentant un poids de 3,000,000,000,000,000,000 de tonneaux de 1,000 kilogrammes.

Le poids de la planète est de cinq mille sept cents milliards de milliards de tonnes (5,700000,000000,000000,000000 kilogrammes).

Grâce aux perfectionnements des instruments d'optique, le firmament n'a plus de secrets pour nous : l'homme a sondé ces espaces infinis où gravitent des astres innombrables, dont il a noté, dont il prévoit dans ses *annuaires* la marche inaltérable, seconde par seconde ; l'homme commande en maître aux évolutions sidérales.

La terre que nous habitons nous est-elle moins connue ?

A peine en avons-nous gratté l'écorce et son centre est encore inaccessible pour nous.

Pourtant, le peu que nous en connaissons a suffi pour nous apprendre sa vie, pour nous fixer sur son origine et ses transmutations ; nous lisons, comme dans un livre, sur les stratifications de terrains que la sonde ramène à la surface, l'histoire précise de tous les siècles écoulés.

N'est-il donc pas également vrai que l'on doit pouvoir aussi sonder la mer comme on a sondé le ciel et la terre ?

C'est au moyen de sondes d'une nouvelle puissance que nous sera dévoilée la configuration, mystérieuse encore, des abîmes de la mer.

II

Sondage des eaux bleues. — Expériences diverses des marines étrangères. — Bombe explosible. — Vitesse du son dans la mer. — Plomb à air comprimé d'Ericsson. — Enregistreur de Maury. — Force expansive des gaz. — Ballon flottant de Pecoul. — Les plus hautes montagnes comparées aux profondeurs de la mer. — Opinion de Laplace sur les grandes profondeurs.

Les premières expériences pour sonder de grandes profondeurs dans les régions qu'on nomme les *eaux bleues* commencèrent sous les ordres de l'amiral Dupetit-Thouars.

A son exemple, Ross, Smith, Dumont-d'Urville, Berryman et un certain nombre d'officiers distingués de diverses marines de l'Europe, stimulés par un noble sentiment d'émulation, poursuivirent régulièrement le but de ces intéressantes études. Malheureusement, leurs savantes et laborieuses recherches ne furent pas couronnées d'un plein succès. Que leurs lignes élémentaires fussent en soie ou en chanvre, tissées spécialement, ou de simples cordages ordinaires, les profondeurs moyennes, seules, furent indiquées assez exactement, et les eaux bleues conservèrent majestueusement le secret de leur profondeur inabordable.

Les difficultés, loin de décourager, ne firent au contraire qu'activer le zèle et multiplier les recherches des expérimentateurs.

Les plus ingénieux plombs de sonde furent inventés et mis en pratique, sans transformer en réalité les données conjecturales que l'on avait seulement pu obtenir sur la plus grande épaisseur de la sphère fluide.

Citons les principaux :

Un ingénieur hydrographe proposa un projectile creux chargé de poudre, espèce de bombe dont le choc contre le fond de la mer produirait une violente explosion.

On espérait, grâce à la réflection du sol ou des échos, dus à l'ébranlement subit des molécules liquides par le dégagement instantané d'un fort volume de gaz, déterminer la propagation des vibrations sonores et déduire ainsi par un calcul facile la distance à travers la masse liquide.

L'expérience de MM. Colladon et Sturm sur le lac de Genève a prouvé que le son se propage plus rapidement dans l'eau que dans l'air libre, puisqu'il atteint — dans l'eau — la vitesse moyenne de 1,435 mètres par seconde ; et dans l'air la vitesse moyenne de 337 mètres seulement.

Le son intense produit par cette détonation devait donc provenir de vibrations d'une amplitude considérable, la force mécanique de la poudre étant, sous le rapport du volume des gaz produits par sa déflagration, dans la proportion de 650 à 1.

Cependant, quoique la tentative eût lieu un jour de temps calme, l'écho resta muet : aucun bruit ne vint à la surface.

L'ingénieur Ericsson construisit un plomb renfermant une colonne d'air susceptible d'être comprimée par la pression des eaux.

Cet instrument réussit dans de faibles profondeurs, mais

il ne put résister et fonctionner dans les régions où la densité est considérable.

Le commodore Maury fit fabriquer par M. Baur, mécanicien à New-York, un compteur muni d'ailettes ayant la forme d'un propulseur à hélice, pouvant enregistrer à chaque brasse de descente le nombre de révolutions accomplies par le rotateur.

Cet appareil ingénieux se trouva hors d'état de donner des indications au delà de quelques centaines de mètres ?

Un ancien marin essaya d'un engin comme on en emploie à la pêche des baleines — dans le genre des cartouches explosibles de l'armurier Devisme — pour conclure la profondeur par l'explosion, la vitesse ascensionnelle des gaz et le temps écoulé dans l'intervalle.

Cette nouvelle méthode échoua complétement, car en prenant pour exemple la profondeur de 5,000 mètres, la dilatation et l'ascension des gaz ne peuvent se produire librement, la pression étant équivalente environ à cinq cents fois celle de l'air ambiant, et, par suite, supérieure à la tension des gaz.

M. Pécoul inventa un lock sondeur. A un ballon flottant, de forme pyramidale, était adapté un mécanisme qui arrêtait la ligne dès que le plomb avait touché le fond, de manière à donner la hauteur verticale.

Ce moyen ne réussit qu'à de très-faibles profondeurs.

Nous omettons les inventions qui ne furent pas consacrées par l'expérience.

Le monde scientifique suivit avec un intérêt croissant ces curieux essais. Le désir de connaître ces mystérieuses profondeurs augmentait en raison des obstacles qui s'opposaient à son accomplissement. Il était généralement accrédité qu'elles devaient être égales aux sommets des montagnes les plus élevées de l'Asie et de l'Amérique (1).

Cette hypothèse, très-répandue, n'était admissible qu'à la condition d'être confirmée.

Laplace pensait que les dépressions du fond sous-marin devaient être en harmonie avec les saillies du relief des continents ; mais, évaluant par erreur la hauteur des terres à 1,000 mètres, il croyait que la grande épaisseur des eaux marines était également de 1,000 mètres.

En cet état de choses, l'idée de revenir aux moyens élémentaires et par lesquels on avait débuté fut encore admise. De nouvelles recherches eurent lieu avec le primitif plomb ou boulet de canon, jusqu'au jour où le sondeur Brooke fut définitivement adopté pour le sondage des hautes mers.

---

(1) Altitude des plus hautes montages de l'Asie et de l'Amérique : mètres.

			mètres.
Asie	Korokoroum (Tibet occidental)	Dapsang	8625
	Himalaya (Népaul)	Djawahir	7845
	id.	Dawalagiri	8180
	id.	Kunchinjunga	8840
	id.	Gaurisankar	8840
Amérique du sud	Andes de Quito	Cotopaxi (volcan)	5755
	id.	Chimborazo	5530
	Andes de Bolivie	Parinacota	6710
	id.	Sahama	6810
	Andes du Chili	Aconcagua (volcan)	7150

III

Le sondage. — Sondes élémentaires. — Sonde à déclic de Brooke pour les grands fonds. — Résultats.

Le sondage, opération qui consiste à mesurer la profondeur des mers, lacs et fleuves, s'opère au moyen d'une cordelle nommée *ligne de sonde,* à laquelle on attache un corps suffisamment lourd pour en accélérer l'immersion. (*Pl. I, Fig. 4.*)

L'arrêt brusque du corps lourd par sa rencontre avec la terre ferme se fait sentir à la main du sondeur, qui cesse alors de filer la ligne, et, d'après la longueur filée, conclut la profondeur.

Le plomb est évidé à sa base pour recevoir un corps gras destiné à recueillir des spécimens de la matière composant le fond. (*Pl. I, Fig. 5.*)

Ce mode de procéder satisfait pleinement à toutes les exigences dans de faibles profondeurs ; au delà de certaines limites il n'a plus rien de sûr et devient une cause d'erreurs. A quelques centaines de mètres le choc n'est pas distinctement perçu, et les vibrations longitudinales de la ligne cessent de se transmettre aussi dans les profondeurs plus considérables.

La sonde élémentaire devenant insuffisante, on a imaginé divers appareils pour connaître *le moment précis de la rencontre du poids avec le fond.*

Nous énumérons plus loin les différents systèmes employés jusqu'à ce jour dans les études hydrographiques.

Disons-le d'avance, le système qui garantit la plus grande exactitude relative consiste à faire détacher le poids de la ligne par sa rencontre avec le sol; il offre en outre cet avantage que la sonde, se trouvant allégée, est facilement remontée à bord.

Cet appareil, dû au lieutenant Brooke, de la marine américaine, est utilisé le plus communément dans les grandes expériences, et son emploi a permis à M. Maury, l'illustre directeur de l'observatoire de Washington, d'établir une carte orographique du bassin de l'Atlantique.

La construction de l'appareil est ingénieuse. (*Pl. I, Fig. 6.*)

L'extrémité de la ligne ou câble de sonde est solidement fixée à une tige creuse en métal qui traverse, suivant l'axe, un boulet ou un plomb cylindrique percé de part en part ; cette tige, pendant la descente, fait corps avec le boulet ou le plomb cylindrique, maintenu par un système à déclic.

Contre la résistance d'un corps solide, la tige s'arrête, et le déclic fonctionne, laissant échapper le boulet qui reste abandonné sur le sol, tandis que la ligne de sonde relève la tige devenue libre.

Cette tige est construite de façon à pouvoir ramener à la surface les échantillons du fond. A cet effet, sa partie supérieure est garnie intérieurement de tuyaux métalliques ou de plumes naturelles coupées en forme de bec qui saisissent les grains de sable, des fragments de coquilles, etc....... La partie supérieure est, en outre, munie d'une soupape de bas en haut qui, pendant la descente, reste ouverte et donne à l'eau un libre passage à travers la tige ; quand la ligne remonte, cette soupape se ferme sous la pression et laisse intact le contenu des tubes.

D'autres lignes basées sur le même principe d'échappement au moyen de contre-poids et de leviers articulés ont été construites en Angleterre et employées dans la Méditerranée pour la pose des câbles télégraphiques.

Les résultats que l'on obtient, loin d'être rigoureux, exigent de l'opérateur beaucoup de tact pour distinguer le moment précis, où, sur ces deux efforts ajoutés : poids du corps lourd constant et poids de la ligne croissant, un seul cesse d'agir.

Nous ne comptons pas l'abandon, à chaque sondage, du plomb détaché, et l'inconvénient du déclanchement qui peut avoir lieu par la rencontre accidentelle d'une épave en suspension, avant que l'objet ne soit arrivé à destination.

Le plomb étant cylindro-cônique, s'il tombe sur un fond mou, comme cela est fréquent dans les profondeurs supérieures à 5 et 6,000 mètres, il s'enfonce complétement en entraînant le système de déclic avec lui, et le détachement ne se produit pas.

IV

Sondage à la main. — Loi des vitesses de descente. — Premier sondage par la ligne de Brooke.

Les profondeurs ordinaires sont faciles à explorer avec un plomb de quelques kilogrammes, mais il faut augmenter son poids si la profondeur devient plus grande.

Dans la marine française ce plomb pèse de 10 à 120 livres.

Le sondage étant, dans ces conditions impossible à la main, il faut nécessairement opérer à l'aide d'un dévidoir ayant un diamètre déterminé, afin de reconnaître la quantité de ligne déroulée.

On contrôle généralement le déroulement de la ligne par la loi des vitesses de descente en notant le temps écoulé de cent brasses en cent brasses, en employant des lignes de même nature, identiques en volume et d'une pesanteur spécifique à peu près égale à celle de l'eau.

C'est ainsi qu'en Amérique, il y a quelques années, le gouvernement des États-Unis mit à la disposition des capitaines un certain nombre de lignes de sondes *identiques* et éprouvées. Elles devaient, en filant, résister à la tension. On les éprouva d'abord en leur faisant supporter un poids de 60 livres dans l'air libre; elles étaient assez fines pour mesurer cent brasses à la livre et subir l'épreuve à laquelle on les soumettait.

En touchant le fond, la ligne doit s'arrêter, ou bien elle est entraînée par les courants qui lui communiquent un mouvement *uniforme*, tandis que le plomb imprime une vitesse *décroissante* pendant la descente.

Mais dans les abîmes de plusieurs kilomètres, la densité et l'énorme pression de la masse liquide qui s'évalue à plusieurs centaines d'atmosphères, font que le filage du câble de sonde ne peut renseigner suffisamment l'opérateur.

Il peut se faire que le plomb ayant une fois touché, la seconde période de déroulement de la ligne se présente, non pas suivant l'hypothèse précédente avec un mouvement *uniforme*, mais au contraire avec une vitesse irrégulière comme la première période.

En effet, la ligne continue à descendre sous l'action de son propre poids avec un mouvement varié sur lequel les courants de surface n'ont qu'une action de peu de durée, souvent insignifiante; tandis que les courants inférieurs agissant ordinairement en sens contraire et à peu de distance les uns des autres, peuvent n'apporter eux-mêmes qu'une faible modification à la vitesse uniformément variée que la ligne de sonde acquiert par elle-même dans sa descente.

De sorte que nul mouvement uniforme à ces profondeurs ne vient avertir l'opérateur, alors même que le plomb a touché le sol, et que la différence entre le mouvement varié, avant et après le choc, est la plupart du temps assez peu sensible et appréciable.

La sonde met à descendre en moyenne :

De	400	à	500 brasses	—	2′ 2″
De	1,000	à	1,100 —	—	2′ 26″
De	1,800	à	1,900 —	—	4′ 29″

On voit que la vitesse décroît sensiblement à mesure que la ligne s'enfonce.

Cette observation a fait admettre une vitesse relative de 100 mètres par minute.

Dans une expérience du capitaine Dayman, la descente à la profondeur de 2,000 mètres a été de 29′ 4″.

Avec une ligne à Albacore chargée d'un plomb de 85 kilogrammes, la descente s'est opérée à la même profondeur en 14′ 13″

La loi des vitesses de descente ne peut en général donner des indications régulières, la densité n'étant pas la même dans toutes les mers (1).

Il n'y aurait pas d'erreur possible en se basant sur des données reconnues exactes, contrôlées par le plomb-enregistreur d'un poids et d'une forme déterminés dans les faibles profondeurs, et recueillies dans une mer où cette densité est uniforme.

Mais il est matériellement impossible d'obtenir des résultats sérieux en appliquant à d'autres régions cette vitesse moyenne de 100 mètres par minute, observée simplement dans des cas tout particuliers.

---

(1) On a, en prenant l'eau douce à 1,000 kilogrammes par mètre cube :

Pour la mer d'Azof.	1,012	d°	d°
— mer de Marmara . .	1,013	d°	d°
— mer Noire	1,014	d°	d°
— mer Ionienne. . . .	1,018	d°	d°
Pour l'Océan.	1,028	d°	d°
Pour la mer Adriatique . . .	1,029	d°	d°
— mer Méditerranée. .	1,030	d°	d°

Cette loi des vitesses de descente permet, toutefois, de constater que les chiffres accusés pour la plupart des profondeurs ne sont nullement exacts.

Le premier sondage avec la ligne Brooke fut fait par M. Mitchells, midshipman à bord du *Dolphin*, le 7 juin 1853, et dura 6 heures. Il accusa 2,000 brasses de profondeur.

V

Résultats obtenus par la marine américaine. — Hypothèses de Humboldt et de Young. — Les cartes orographiques.

Des tentatives ont été faites avec des sondes adoptées uniformément dans la marine américaine.

Chaque navire recevait, sur sa demande, des lignes de 10,000 brasses (1) et marquées toutes les cent brasses — 183 mètres. — On y attachait des boulets de 32 ou de 68 livres (2) que l'on jetait d'un canot en laissant la corde se dérouler d'elle-même (3).

Dans les parages voisins du pôle sud où la mer a une profondeur prodigieuse, le capitaine Ross a fait descendre le plomb, par 60 degrés latitude sud, jusqu'à 4,000 brasses — 7,300 mètres — sans atteindre le fond.

Le capitaine Denham, du navire anglais *le Herald*, a annoncé le fond à 14,000 mètres dans l'océan Atlantique austral.

A 230 lieues au S.-O. de Sainte-Hélène, la sonde de la frégate française *la Vénus* a trouvé le fond à 14,600 pieds, profondeur correspondante à la hauteur du Mont-Blanc.

---

(1) Brasses anglaises.
(2) Livres anglaises.
(3) Maury.

Le lieutenant Walsch, du schonner des États-Unis *le Taney*, a filé une sonde de 34,000 pieds sans trouver le fond. La ligne était en fil de fer et avait une longueur de onze milles marins.

Une autre expérience fut faite au milieu de l'Océan, sans résultat, avec une ligne longue de 39,000 pieds — près de 12,000 mètres.

Enfin, en 1852, le lieutenant Parker, de la frégate américaine *le Congress*, ayant jeté la sonde dans les mêmes parages, fit filer 50,000 pieds de ligne sans que rien lui indiquât que le fond eût été atteint.

D'après les recherches faites par la marine américaine, les profondeurs du bassin de l'Atlantique jusqu'à 10 degrés latitude sud varient de 1,000 brasses — 1,800 mètres — à 4,000 brasses— plus de 7,300 mètres.

Les plus considérables où l'on suppose avoir touché sont approximativement de 25,000 pieds — Atlantique nord ; — de 5,000 mètres au cap Horn et au cap de Bonne-Espérance.

Il est hors de doute que les grandes profondeurs indiquées sur les cartes de l'Atlantique ne sont pas rigoureusement exactes. M. Maury, qui a dressé la coupe verticale de cet Océan, en convient lui-même dans sa *Géographie physique de la mer*.

Le bassin de l'océan Pacifique nous est encore bien moins connu. La plus grande profondeur que l'on ait pu observer est d'environ 5,000 mètres, par 59 degrés latitude nord et 166 degrés longitude est.

Notons en passant que ces observations sont en contradiction avec les hypothèses de Humboldt, qui donne à l'Océan une profondeur *maximum* de 3,000 mètres ; et contraires à la théorie de Young, sur les marées, dans laquelle il présume que, d'après l'influence exercée par le soleil et la lune sur notre planète, l'Atlantique n'excède pas 4,000 mètres, le Pacifique 5,000 mètres et les eaux de la Mer du Sud 6 à 7,000 mètres.

Des cartes orographiques donnent la description incomplète de ces continents submergés, comme celles de l'Afrique et de l'Australie où le périmètre de ces terres immenses est tracé avec régularité, mais dont les pays intérieurs sont complétement inconnus, elles ne font qu'indiquer pour ainsi dire les hauts-fonds accessibles du vaste Océan. On ne peut donc les considérer comme étant la fidèle reproduction des dépressions du sol sous-marin, attendu que les bases sur lesquelles elles reposent ne sont pas assez précises. Les profondeurs encore impénétrables aux investigations y sont indiquées, par comparaison, à l'aide de celles que l'on a pu étudier. Dans ce rapport, les profondeurs intermédiaires restent douteuses à cause des sinueux contours et de l'incroyable déclivité du terrain.

Des sondages multipliés et suivis avec persévérance permettront un jour de compléter les indications nécessaires pour établir de nouvelles cartes orographiques. Elles feront autorité en ajoutant des notions utiles à la navigation.

Actuellement, il ressort clairement de l'exposé de Maury et des considérations précédentes que, malgré les tentatives réitérées par d'habiles praticiens, il a été impossible, jusqu'à ce jour, de déterminer exactement les extrêmes profondeurs sous-marines.

L'insuffisance de résultats sérieux provient, dans beaucoup d'endroits, des formidables tourbillons océaniques, de l'impulsion des courants, temporaires, permanents, simples ou superposés, et de la forte pression des couches liquides.

VI

Théorie des ondes par le professeur Bache. — Sondage dans la mer des Indes. — Accumulation des eaux au pôle austral. — Théorie de M. Adhémar. — Centre de figure et centre de gravité de la terre.

Le professeur Bache a appliqué la *théorie des ondes* aux vagues propagées de la côte du Japon à celle de Californie, pendant le tremblement de terre du 23 décembre 1854.

Cette crise de l'écorce terrestre bouleversa plusieurs villes et refoula la mer. Des vagues énormes, d'une incommensurable énergie, traversèrent l'Océan avec une vitesse de 917,000 mètres à l'heure, et leurs crêtes écumantes rejaillirent avec fracas sur les falaises occidentales de l'Amérique du Nord.

On observa leur parcours dans les îles intermédiaires du Pacifique boréal; leur dimension, en largeur, fut évaluée à huit kilomètres.

Le calcul de Bache, basé sur la vitesse de translation et sur l'intumescence des flots par rapport à l'épaisseur des couches liquides et des inégalités du relief sous-marin qui ralentissent ou accélèrent les oscillations, lui fait admettre la probabilité d'une profondeur moyenne de 4,300 mètres dans cette partie du Pacifique.

Dans la mer des Indes, une sonde mesurée à 13,000 mètres n'a donné aucun résultat. L'amiral Dupetit-Thouars en a annoncé une de 1,600 mètres.

Cette irrégularité constatée, il est impossible d'admettre ces deux sondages comme une preuve concluante en faveur des expérimentateurs, car les explorations hydrographiques ont été insuffisantes dans ces lointaines régions.

En acceptant le récit que les officiers américains en ont fait, l'existence de très-grands fonds serait admissible principalement dans les zones qui s'étendent vers le continent antarctique.

Espérons que le cadre de ces premières observations sera complété par de nouvelles recherches.

Sur le parallèle de 67 degrés sud, Ross a sondé jusqu'à 1,800 mètres, et à 68 degrés 8,000 mètres sans trouver le fond.

La navigation, plus intéressée à connaître la présence des récifs ou des écueils que la vigilance des marins est quelquefois impuissante à éviter, est moins disposée à jeter la sonde en plein Océan. Et on ne peut répéter souvent l'opération, le travail qu'elle exige étant de longue durée.

Dans les mers avoisinantes du pôle Nord, les sondes isolées de Scoresby ne vont pas au delà de 500 à 2,000 mètres — 76 et 77 degrés de latitude. — Au centre de la baie de Baffin, M. Kane a fait un sondage de 3,500 mètres, tandis que dans l'hémisphère méridional elles ont dépassé 7,000 mètres, et plus fréquemment encore elles n'ont donné aucune trace de fond.

Il est donc certain que la grande masse des eaux du globe est accumulée dans l'hémisphère Sud.

Les sondages exécutés jusqu'ici n'ayant pu donner une idée exacte de l'énorme profondeur des mers australes, M. Adhémar, dans son remarquable ouvrage *les Révolutions de la mer*, a essayé d'y parvenir par voie d'induction.

En partant de cette hypothèse qu'une nappe d'eau est d'autant plus profonde qu'elle est plus large, M. Adhémar a pris pour unité la longueur des différents parallèles, et a cherché quelle est la fraction de ces cercles qui correspond à la surface liquide.

Hémisphère boréal	Fraction liquide	*Hémisphère austral*	liquide
60°	0,353	0°.	0,771
50°.	0,407	10°.	0,786
40°.	0,527	20°.	0,777
30°.	0,536	30°.	0,791
20°.	0,677	40°.	0,951
10°.	0,710	50°	0,972
0°.	0,771	60°	1,000

Ce calcul met en évidence l'accroissement régulier de leur surface du nord vers le sud. Suivant cette théorie, la profondeur doit augmenter dans la même proportion.

Nous ferons remarquer que la Méditerranée, d'une moindre superficie, a des gouffres comparables aux cavités océaniques. Dans le bassin Ouest, on a sondé à une profondeur de 2,900 mètres, de Malte à Candie. On a déroulé 4,000 mètres de ligne, entre Rhodes et Alexandrie, bassin Est. Mais ceci ne démontre pas que les mers les plus étendues ne soient pas les plus profondes.

L'affluence des eaux sur l'hémisphère austral explique la non-coïncidence entre le centre de figure et le centre de gravité de la terre.

VII

Centre de gravité de la masse fluide. — Déviation du fil à plomb. — Variations de l'aiguille aimantée. — Déluges périodiques. — Les terres océaniques et les montagnes sous-marines. — Etude des courants par les coquillages. — Thalwegs.

Il est accepté, en théorie, que le centre de gravité de la terre n'a pas de coïncidence avec celui de la masse liquide, et leur distance serait de 1,528 kilomètres.

Cet équilibre des eaux, dont le poids est égal à la $\frac{1}{955}$ partie de la sphère solide, ne peut vraisemblablement s'expliquer que par l'hypothèse d'une masse intérieure assez dense pour la maintenir dans cette position, ou par l'action attractive d'un grand continent placé au pôle Sud.

Des sondages exécutés à toutes les latitudes et sous tous les méridiens pourraient seuls apporter la lumière sur cette question.

Le voisinage d'une masse très-dense — soit une montagne élevée — influe sur la direction du fil à plomb; cette déviation, due au déplacement du centre d'attraction par rapport aux corps qui tombent, semble présenter une certaine analogie avec les variations anormales de l'aiguille aimantée, qui devient complétement affolée dans les régions se rapprochant du pôle, au midi comme au nord. Ces variations ne résulteraient-elles pas, elles aussi, en partie et par influence, de l'action perturbatrice produite par l'excentricité des centres de gravité des sphères solide et fluide et des glaciers polaires.

Les déluges périodiques doivent se produire par la translation de la masse fluide d'un hémisphère à l'autre (1), au moment du déplacement subit du centre de gravité de la terre et de son passage sur le plan de l'équateur.

Ce grand phénomène serait dû à la *précession des équinoxes*, cause primordiale de l'accumulation successive des glaces aux pôles arctique et antarctique, alternativement, dans l'espace de cent à cent dix siècles. Et la brusque rupture de l'immense calotte glacée déterminerait la catastrophe.

Est-ce l'unique cause à laquelle on devrait attribuer ce cataclysme, dans un ordre de choses qui semble stable pendant des milliers d'années?

La plupart des groupes d'îles qui parsèment la surface des mers et un certain nombre de terres isolées, comme Madagascar et Ceylan, sont les fragments de continents disparus : leur flore et leur faune diffèrent notablement de celles des grandes terres voisines.

Les îles Kouriles, au contraire, rattachent d'une manière évidente l'Yesso au Kamtschatka (2), et les Petites Antilles relient les deux Amériques par des chaînons latéraux sous-marins.

La connexion entre le mont Atlas, Afrique, — les Cana-

---

(1) Adhémar.

(2) Malte-Brun.

ries et les Açores devient donc possible. Mais les nervures de la planète n'étant pas toujours dans la direction qu'on leur suppose, comment prouver qu'il n'y a aucune solution de continuité entre ces montagnes sous-marines ?

Les lois physiques de la mer nous apprennent que les courants établissent l'équilibre des masses liquides dont les diverses parties ne sont pas à la même température.

L'étude de la *Théorie des courants* sera facilitée par celle des coquillages si variés qui couvrent le fond des océans comme un blanc tapis de neige ; leur transport dans des régions différentes permettra de suivre le circuit des veines liquides de la mer.

Telles sont, en substance, les principales questions scientifiques qui se rattachent aux profondeurs océaniques.

Nous le répétons, le sondage, c'est-à-dire la mesure exacte des eaux du globe, nous paraît être le meilleur moyen pratique de faciliter la solution de ces importants problèmes.

Il s'agirait d'organiser une série de sondages dans les mers équatoriales et sur le parcours des *thalwegs* — lignes où la dépression est le plus prononcée — que M. Adhémar a ingénieusement tracés pour le Pacifique, l'Atlantique et la mer des Indes. Les courbes qu'ils décrivent dans ces trois grands golfes suivent le profond sillon tracé dans l'enveloppe solide et convergent en un point de jonction se rapprochant sensiblement de l'extrémité de l'axe terrestre, à égale distance des rivages méridionaux de l'Amérique, *Terre de feu ;* — de l'Afrique, *cap de Bonne-Espérance ;* — de l'Australie, *Terre de Van-Diémen ;* — et de la *Nouvelle-Zélande*.

VIII

Schleiden. — Spécimens du fond de la mer. — Une page de Dumont d'Urville.

La mer renferme dans ses profondeurs la partie la plus intéressante peut-être de l'histoire du globe.

« Si nous plongeons nos regards dans le limpide cristal « de l'océan Indien, dit Schleiden, nous y voyons réalisées « les plus merveilleuses apparitions des contes féeriques de « notre enfance.

« Dans ce domaine liquide et mystérieux, des buissons « fantastiques portent des fleurs vivantes, des massifs de « Méandrines et d'Astréas aux organes palmés; des Madré- « pores aux structures élégantes, aux ramifications variées, « contrastent avec les calices feuillus et les épanouisse- « ments de l'Explanaria. Partout brillent les plus vives cou- « leurs : les verts glauques alternent avec le brun et le « jaune, de riches teintes pourprées passent harmonieuse- « ment du rouge vif au bleu le plus foncé et le plus trans- « parent. Les Nullipores de rose et d'or, nuancés comme « le fruit savoureux du pêcher, s'élancent des végétaux flé- « tris qu'ils recouvrent avec grâce ou se parent des perles « nacrées des Rétipores, courant autour de ceux-ci en fes- « tons d'ivoire capricieusement roulés.

« Près de la vague qui les berce mollement, les Gorgones « agitent leurs éventails jaunes et lilas, plus artistement

« travaillés que des bijoux de filigrane. Le sable pur du « fond est recouvert de milliers de hérissons et d'étoiles de « mer aux formes bizarres et curieuses. Les Flustres comme « des feuilles et les Escharcs comme des mousses ou des « lichens s'attachent aux branches des coraux, pendant que « les Patelliers jaunes, vertes et tachetées de pourpre s'y « fixent comme de grandes Cochenilles.

« Semblables à de gigantesques fleurs de Cactus, bril- « lantes des plus ardentes couleurs, les couronnes tentacu- « laires des Anémones ornent fièrement les roches brisées « par la tempête, ou plus modestement couvrent, comme « nos Renoncules bigarrées, les parterres sous-marins. Et « pour animer ces paysages de corail, le colibri de l'Océan, « beau petit poisson revêtu tour à tour de minium et d'azur, « d'or, d'émeraude ou d'argent, folâtre et bourdonne joyeu- « sement sous les berceaux ravissants de ces régions inex- « plorées.

« Légères comme les esprits de l'abîme, les fragiles clo- « chettes bleues ou blanches des Physalies et des Méduses « flottent dans les espaces de ce monde enchanté. Ici se « poursuivent l'Isabelle violette et vert d'or et la Coquette « jaune de feu, noire et striée de vermillon; là, serpentent « à travers les massifs les Bandes marines comme de longs « rubans d'argent aux reflets roses et azurés. Viennent en- « suite les Seiches fabuleuses, drapées des couleurs et des « nuances de l'arc-en-ciel qui brillent sur leur corps sans y « garder de limites définies. Elles disparaissent et reparais- « sent tour à tour, se confondent de la manière la plus fan- « tastique ou se recherchent pour se séparer ensuite de nou- « veau. Et tous ces animaux se succèdent avec la plus « grande rapidité, formant les plus merveilleux contrastes « d'ombres et de lumières. Le moindre souffle qui frise la « surface de l'eau fait disparaître le tout comme par enchan- « tement.

« Si maintenant le soleil roule son char vers l'occi-
« dent et que les ombres de la nuit descendent dans les
« abîmes, ce jardin radieux s'illumine de splendeurs nou-
« velles. Des millions d'étincelles, qui ne sont autre chose
« que des Méduses et des crustacés microscopiques, dan-
« sent dans les ténèbres qu'elles éclairent comme des
« Lucioles.

« Les Gorgones qui, dans le jour, aiment à s'habiller du
« Cinabre pompeux, deviennent alors phosphorescentes et
« lumineuses. Chaque retraite luit, chaque saillie rayonne.
« Tout ce qui, brun et terne, disparaissait pendant le jour
« au milieu du rayonnement universel des couleurs, pro-
« jette des feux multicolores en gerbes éblouissantes.

« Et pour compléter le prestige des nuits fascinatrices des
« profondeurs immenses de l'Océan, le peuple aquatique
« voit dans son firmament se promener majestueusement
« une Phœbé marine (1). Cette lune, comme l'astre des
« nuits terrestres, a son disque argenté et s'avance douce-
« ment à travers le tourbillon des petites étoiles. »

Ne croirait-on pas, en parcourant ce féerique tableau des splendeurs de la flore et de la faune des mers tropicales, lire un passage des *Mille et une nuits ?* La brillante description du savant docteur allemand est cependant au-dessous de la réalité sur la prodigieuse fécondité de l'Océan, et sur les merveilles qu'il conserve avec un soin jaloux au « trésor profond des naufrages. »

Nulle part ailleurs et bien que cachées aux regards des

(1) *Orthagoriscus mola*, vulgairement appelé *poisson lune*, à cause de sa forme. Son corps est d'une belle couleur argentée.

hommes, les lois qui président au développement insensible mais progressif des êtres ne se déroulent avec plus d'harmonie.

Alors que toute trace de plantes a disparu, et dans les endroits où les rayons lumineux cessent de pénétrer, on découvre dans les parcelles « d'oaze » — vase océanique — que la sonde remonte du gouffre des myriades de corpuscules.

Les précieux et rares échantillons que l'on a pu en extraire ne donnent qu'une faible idée des mondes invisibles que la mer recèle dans ses ténébreux abîmes.

A part les matières minérales et plusieurs genres rudimentaires de la flore marine, d'une étonnante variété ; à part aussi les corpuscules lumineux aux organes fulgurants qui contribuent particulièrement, comme les gymnotes et les torpilles, à la phosphorescence de l'Océan, l'analyse au microscope d'infusoires, Rhizopodes, Zoophites et Foraminifères à carapaces siliceuses ou calcaires — parmi lesquels plus de cent cinquante espèces nouvelles ont été reconnues — ramenés par la sonde de Brooke et confiés à MM. Bailey, de West-Point, et Ehrenberg, de Berlin, ne fournit-elle pas la preuve que la vie est partout à profusion ?

Ces êtres infimes appelés par Maury les « compensateurs de l'Océan, » et par suite de la climatologie, accomplissent mystérieusement, dans leur séjour inconnu, l'œuvre éternelle à laquelle participe sans repos ni trêve la création tout entière.

Les dépouilles de ces innombrables animalcules, tombant par milliards « sous forme de pluie » incessante au fond des mers, où elles s'amoncellent et se pétrifient ; les détritus et matières calcaires arrachés à la surface des continents par les eaux pluviales, les fleuves et les rivières, formeraient plus tard les couches géologiques stratifiées des continents futurs, devenus fertiles et propres au développement du règne végétal et de la vie organique.

L'énorme entaille de l'écorce terrestre et dans laquelle s'est retirée la grande quantité des eaux avec leur barrière de vagues mugissantes, doit-elle toujours, comme le dit Maury, rester « magnifique et ignorée? »

Nous savons déjà que c'est le laboratoire des infiniment petits, cette immense expression de la vie, ces bâtisseurs de continents! Par quel moyen concilier la fragilité de leurs carapaces avec la pression de la colonne liquide qu'ils auraient à supporter et qui atteint parfois jusqu'à 1,000 atmosphères?

Quoi qu'il en soit, si les savants ne sont pas complétement d'accord sur les fonctions que remplissent ces frêles créatures, leur existence éphémère au sein des eaux ou dans les basses régions de l'élément liquide n'en est pas moins prouvée. C'est là un résultat, et les pionniers de la science voient le succès couronner leurs efforts.

Que d'hypothèses seraient à jamais abandonnées et que de théories appelleraient l'attention de la science sur des faits déjà énoncés, si la couche superficielle du sol recouvert par l'onde amère était connue et analysée!

Ainsi les principales recherches des géologues consistent dans la distribution des plateaux et des chaînes de montagnes. Les fouilles que l'on a opérées nous ont fait connaître les grands âges géologiques de la planète, et l'examen attentif de la croûte terrestre a révélé les couches ou assises de formation plutonienne et neptunienne par la succession des minéraux, des végétaux et des êtres organisés corrélatifs à chacune d'elles.

L'étude de la mer par les sondages complétera nos connaissances sur l'organisation physique de la terre, en nous dévoilant les causes de bien des phénomènes encore inexplicables.

L'Océan, par son caractère de grandeur et de simplicité, a toujours excité l'admiration et la curiosité des hommes. A toutes les époques, les marins de tous les pays ont cherché, mais en vain, à en pénétrer les profondeurs.

Les Chinois, dont l'origine des sciences se perd dans la nuit des temps, ne sont pas plus avancés que nous. Les relations des plus célèbres navigateurs en font foi. Dumont d'Urville, de glorieuse mémoire, raconte le fait suivant dans son *Voyage autour du monde*, édition 1853, pages 216 et 217.

« Passionné pour la science, Norberg avait avec lui les « instruments de marine les plus perfectionnés, les cartes « les plus exactes. Chaque jour, à midi, il faisait ce qu'on « nomme, en termes de mer, son point. Armé de son sextant, « il suivait le mouvement ascensionnel du soleil, jusqu'à ce « que l'astre fût arrivé à son apogée ; puis, par un calcul « prompt et sûr, il déterminait, au moyen de cette observa- « tion, le chiffre exact de la latitude où se trouvait alors « le navire.

« Un jour qu'il se livrait à cette distraction habituelle, le « capitaine chinois s'approcha de lui et parut curieux de « savoir ce que signifiaient un pareil travail et un pareil « instrument. Norberg le lui expliqua aussi clairement que « possible par le canal de l'interprète ; il lui fit sur les divi-

« sions terrestres et sur les calculs maritimes un cours de
« théorie auquel le Chinois semblait prêter la plus vive at-
« tention ; enfin, le croyant convaincu et instruit à demi, il
« lui montra comment, au moyen d'un réflecteur et de verres
« colorés, on ramenait sur la ligne de l'horizon le disque du
« soleil dépourvu de rayons. Cette expérience physique le
« frappa plus que tout le reste : il voyait l'astre se prome-
« ner sur le ciel, se baigner dans la mer, au gré de la tige
« de cuivre sur laquelle ses évolutions étaient graduées :
« cela le saisissait, le stupéfiait.

« A plusieurs reprises, il voulut s'assurer du fait par lui-
« même, il prit l'instrument, fit jouer l'alidade, puis se fit
« de nouveau expliquer l'utilité de la machine. Norberg était
« enchanté, il venait de faire un prosélyte à notre supério-
« rité mathématique, quand Tsin-fong secoua la tête avec un
« mouvement d'incrédulité : « Oui, c'est bien, dit-il, tu fais
« venir le soleil sur le niveau de l'Océan ; tu sais de cette
« manière à quelle hauteur il est ; je comprends tout cela :
« mais, si tu calcules ainsi l'élévation, tu dois calculer aussi
« la profondeur. « *Combien y a-t-il de pieds d'eau sous le*
« *navire ?* » A cette incroyable interpellation, Norberg fail-
« lit éclater ; le sextant lui échappa des mains. « Eh bien !
« insista le capitaine, tu ne peux pas me dire la profondeur
« de la mer ? — Tu vois donc que ta science est vaine,
« poursuivait-il : vous autres d'Europe vous n'en savez pas
« plus que nous. » Depuis ce jour, le digne homme prit en
« pitié notre théorie nautique ; et ce fut pour lui, sans
« doute, un nouveau motif de se complaire dans les pro-
« cédés de la navigation chinoise. »

IX

Chute des corps dans le vide. — Dans les fluides. — Principe d'Archimède. — Chute d'un corps lourd dans la mer. — Résistance à la chute. — Un corps lourd peut toucher le fond de la mer. — Constatation du moment précis de l'arrêt. — Son importance. — Application de l'électricité au sondage. — Sondages dans le détroit de Gibraltar.

Rappelons ici les premiers principes de la chute des corps dans le vide et dans les fluides. (*Pl. II, Fig. 7.*)

Tout corps qui tombe dans le vide, à la surface de la terre, est entraîné par une force qui croît en raison inverse du carré des distances au centre d'attraction, centre qui n'est autre que le centre de la terre, supposée sphérique pour la facilité de la démonstration.

Le corps tombe dans une direction perpendiculaire à la surface, c'est-à-dire suivant un rayon terrestre.

Cette théorie est un résultat d'expérience.

Mais, dans la réalité, les corps ne tombent pas dans le vide : à la surface de la terre, un corps tombe au sein d'une atmosphère fluide, l'air, qui s'oppose à sa chute, et dont la résistance croît en raison directe du carré de la vitesse du corps tombant, et proportionnellement à la surface.

Archimède a démontré d'autre part le principe suivant

« Tout corps plongé dans un fluide perd de son poids le poids du liquide déplacé. »

C'est-à-dire qu'il est soumis de bas en haut à une force appelée poussée du fluide, directement opposée à l'action de la pesanteur et précisément égale au poids du fluide déplacé.

Donc tout corps qui tombe à la surface de la terre dans l'air, tombe en vertu d'une force qui n'est autre chose que la différence entre le poids du corps agissant verticalement de haut en bas, et la poussée de l'air, égale au poids de l'air déplacé, agissant de bas en haut dans le même sens.

Cette force produit à chaque instant une altération dans la vitesse — mouvement uniformément accéléré — dont l'effet est d'augmenter la résistance de l'air proportionnelle, ainsi que nous l'avons dit plus haut, au carré de la vitesse. Ce qui explique le ralentissement forcé qu'éprouve le corps dans sa chute accélérée.

Ajoutons à cela que la densité des couches atmosphériques augmente à mesure qu'elles se rapprochent de la surface terrestre : il en résulte que la poussée de bas en haut augmente proportionnellement à cette densité, et que, par suite, la force qui entraîne le corps dans sa chute diminue : nouvelle cause de ralentissement.

Il en est de même dans l'eau.

La surface des mers est naturellement perpendiculaire à la direction de la pesanteur, c'est-à-dire au rayon de leur surface supposée sphérique.

Un corps qui tombe libre dans la mer est soumis à la *poussée* qui augmente avec la profondeur proportionnellement à la densité croissante des couches liquides ; en même temps que la résistance à la chute s'accroît également proportionnellement au carré de la vitesse à mesure que le corps s'enfonce.

Mais ici les effets obtenus ont une importance plus considérable, vu la densité de l'eau comparée à celle de l'air. — Un litre d'eau distillée pèse 1,000 grammes ; un litre d'air, 1^{gr} 33. — Il faut noter encore que l'eau de mer chargée de sels pèse plus à volume égal que l'eau distillée, prise pour terme de comparaison dans les différentes mesures du système métrique.

Partant de ces principes, on a longtemps exprimé l'idée qu'au delà d'une certaine limite, le fond de la mer — s'il en existait un, — ne saurait être rencontré par un corps abandonné à lui-même, si pesant qu'il fût, attendu que la poussée du liquide toujours croissante avec sa densité, s'ajoutant à la résistance du milieu croissant également avec la chute, viendrait faire équilibre, en un moment donné, au poids du corps submergé qui flotterait alors au sein des eaux dans un état d'équilibre indifférent.

Mais comme, d'autre part, la loi qui règle les accroissements de densité des eaux de la mer est suffisamment connue, et que l'on peut calculer les différentes résistances, il nous semble théoriquement possible de calculer aussi le poids, le volume et la forme du corps immergé, le poids et le diamètre de la ligne de sonde, de telle sorte que ce corps sondeur puisse facilement parvenir à des profondeurs inexplorées jusqu'ici et qu'il importe spécialement de connaître.

D'ailleurs, les récentes expériences provoquées par la pose des câbles télégraphiques démontrent d'une manière absolue, que si les grandes profondeurs sous-marines ne sont connues que par approximation, elles ne sont pas pour cela insondables.

Il ne faut pas s'illusionner sur les obstacles à franchir; mais ces expériences nous prouvent que toutes les profondeurs sont accessibles aux corps lourds : tels que grapins, ancres, chaînes, et notamment aux blocs métalliques qui opèrent assez rapidement, en dépit de toutes les résistances, leur descente dans des fonds estimés à plus de 3 ou 4,000 mètres.

Dans tous les cas, que le corps immergé rencontre le fond ou qu'il ne puisse vaincre dans sa chute la résistance du milieu liquide, il y aura toujours un moment précis où le corps s'arrêtera.

Pour en revenir à notre principal sujet, c'est ce moment précis qu'il importe de connaître dans les sondages.

En effet, si le corps une fois arrêté dans son mouvement, soit par sa rencontre avec le fond, soit dans un état d'équilibre indifférent au sein de la masse liquide, le sondeur n'est pas immédiatement averti de l'arrêt, il pourra laisser filer sa ligne de sonde; et cette ligne entraînée par son propre poids s'affaissera en spirales irrégulières sur le sol sous-marin (1), à moins que sous l'action de courants latéraux inférieurs, elle ne s'en aille à la dérive sur une longueur inappréciable, donnant ainsi dans les deux cas de fausses indications sur la profondeur à sonder.

C'est ainsi que des sondages réitérés au même endroit ont accusé des différences inadmissibles (2).

---

(1) M. Léon Renard, dans son livre *le Fond de la mer*, page 24, récemment publié, y a consacré les lignes suivantes :

« Ayant plusieurs fois remonté la sonde, *alors que celle-ci continuait à filer*, on a constaté qu'elle était couverte sur une grande longueur de l'oaze particulière aux grands fonds, *ce qui attestait son séjour sur le sol à côté de son poids.* »

(2) Si l'opérateur est averti que la sonde a porté, il est évident qu'il ne

Si, au contraire, le sondeur est instantanément averti de l'arrêt du poids suspendu à sa ligne de sonde, il arrêtera sur-le-champ le filage, il aura des données exactes sur la profondeur accusée, tout en tenant compte, s'il y a lieu, de la déviation due aux courants de surface — nous verrons plus tard que les courants inférieurs n'ont qu'une influence très-faible sur la partie submergée pendant la chute — il connaîtra, par les échantillons ramenés à bord du navire, la nature du lit de la mer, ou bien il saura d'une façon certaine que le fond n'a pas été atteint.

Nous avons vu que les moyens employés jusqu'à ce jour pour constater l'arrêt ne donnent pas de garanties suffisantes.

Il y a mieux à trouver.

Il est un agent physique, dont l'effet se fait instantanément sentir à toutes distances : nous avons nommé *l'électricité.*

S il est possible de construire un appareil de sondage tel que l'emploi bien réglé de cette force instantanée permette à l'opérateur d'être immédiatement averti du moment précis de l'arrêt du corps sondeur, soit qu'il ait touché le fond, soit qu'il reste en équilibre au sein de la masse liquide, la première, la plus sérieuse difficulté sera vaincue.

Le problème n'est pas irrésoluble.

Nous croyons l'avoir résolu.

---

sera pas exposé, commele fut le lieutenant Parker, dans le sondage entrepris par lui en 1852, sur la côte de l'Amérique méridionale, à dérouler *dix milles* de corde — 18,334 mètres.— Son expérience dura neuf heures, et la ligne se rompit lorsque, la nuit venue, on voulut la remonter.

Plus tard, on reconnut que la mer, *en ce même endroit*, au lieu de dix milles, n'avait pas plus de *trois milles* — 5,556 mètres.

La différence est trop marquante pour qu'il nous soit permis d'insister

Inutile d'insister davantage sur l'importance de cette constatation immédiate, facile à comprendre.

Ainsi que nous l'avons dit au début de ce chapitre, nous croyons fermement que les corps lourds rencontrent toujours le fond, même dans les profondeurs extrêmes.

Les sondages opérés dans le détroit de Gibraltar, sous la surveillance de M. Boutroux, ingénieur hydrographe, viennent à l'appui de notre opinion.

Disposant d'appareils ordinaires, sans déclics, cet ingénieur a sondé exactement par des profondeurs de 1,000 mètres contre l'impétuosité des courants.

L'expérience, conduite avec une grande habileté, avec des précautions toutes particulières, a donné des résultats exceptionnels, malgré les causes d'erreurs signalées plus haut qui viennent entraver la marche des opérations.

Il en résulte pour nous comme un fait acquis à l'expérience, que les grandes profondeurs peuvent être déterminées par la chute des corps pesants.

Mais il en résulte aussi que l'évaluation de ces profondeurs sera facilitée, que l'exactitude des résultats sera confirmée d'une façon bien plus sérieuse au moyen d'un agent qui, comme l'*électricité*, nous fournira l'avertissement immédiat et nécessaire de l'instant précis où la sonde touche le fond.

C'est là le but que nous poursuivons; c'est là cette nouvelle méthode pratique de sondage, établie sur des bases incontestables que nous présentons à nos lecteurs.

X

Difficulté du sondage. — Tension de la ligne de sonde. — Pression de la colonne liquide. — Rupture des lignes de sonde. — Du genre de bateau à employer dans les expériences. — Déviation de la ligne de sonde. — Courants de surface. — Courants inférieurs.

Pendant l'opération du sondage, la ligne de sonde est soumise à une tension égale au poids de l'appareil immergé qu'elle soutient.

Quand l'opérateur est averti, ou croit que la sonde a touché, il se met en devoir de haler sa ligne avec ou sans le poids sondeur, suivant qu'il est ou non muni d'un appareil à déclic.

Pendant ce halage, il faut vaincre la pression de la colonne liquide, d'autant plus considérable que le corps est plus enfoncé.

Si la profondeur atteint 2 à 3,000 mètres, l'opération offre déjà de sérieuses difficultés. Cette limite est-elle dépassée? La résistance opposée par le frottement de l'eau sur la surface de la ligne et dans toute sa longueur, la pression sur le boulet sont si grandes qu'on parvient avec peine à ramener l'appareil à bord.

Ces résistances diminuent naturellement en se rapprochant de la surface, mais elles sont souvent assez fortes pour allonger les spires des cordages, chasser le goudron dont ils sont imbibés et trop souvent occasionner la rupture des lignes de sonde.

Malgré les soins apportés dans leur tissage et leur fabrication, on en perd inévitablement dans les travaux hydrographiques une certaine quantité.

Il y a donc encore de ce côté une importance réelle à ne pas filer une trop grande longueur de ligne, ce qui augmente les difficultés du halage, et par suite à connaître l'instant précis de l'arrivée au fond.

Les vaisseaux de ligne et les frégates cuirassées possèdent aujourd'hui, pour leur service, des chaloupes à vapeur.

Ce genre d'embarcation réunit certains avantages pour le sondage des mers profondes au moyen de l'électricité, en ce sens que les évolutions sont rapides et faciles, et que l'aménagement des appareils peut s'y faire dans de bonnes conditions.

Quelle que soit la tranquillité de l'eau à la surface, la plus légère brise fera dériver l'embarcation; mais l'on pourra en atténuer l'effet au moyen des forces dont on dispose à bord.

Malgré toutes les précautions prises, la ligne de sonde s'écarte toujours de la perpendiculaire d'une quantité assez considérable : dans l'évaluation du sondage, il faut avoir égard à cette déviation, faute de quoi l'on serait exposé à donner une estimation exagérée de la profondeur, en acceptant le chiffre accusé par la longueur de ligne comprise entre la surface et le fond, tandis que la profondeur réelle est la perpendiculaire menée du point d'arrivée à la surface.

Il serait facile d'établir des tables à cet effet, à supposer qu'elles n'existent point déjà.

Une cause plus grave d'erreurs est la déviation due à l'existence d'un courant de surface (1).

Nous empruntons à la *Note sur les sondes*, traduite de l'anglais par M. Bouquet de la Grye, quelques chiffres à l'appui de cette assertion.

« Avec un courant de surface de 1 nœud, l'erreur sur une « sonde de 3,660 mètres sera de 732 mètres ou du cinquième.

« Avec un courant de deux milles à l'heure, lorsque le « canot a été entraîné une heure en dérive, le plomb a touché « le fond et a cessé d'exercer aucune traction sur la ligne ; « à ce moment la sonde est finie ; 5,856 mètres de ligne ont « été filés et le sondeur a atteint la profondeur de 3,843 mè- « tres, donnant une erreur de 2,013 mètres entièrement due « aux courants.

« Dans une autre occasion, avec un courant de 1 mille 3 « à l'heure, la vitesse de la dérive était de 366 mètres en « 9 minutes. Lorsque 6,142 mètres furent filés, la dérive « était égale à la vitesse de la ligne, et si, comme dans les « cas précédents, on ne tient pas compte de l'accélération « due au poids propre de la ligne, l'observation après « 3,660 mètres a peu de valeur. »

Voir la *planche II, figure 8,* que nous empruntons au

(1) La direction que le courant imprime au commencement de l'impulsion est, à chaque instant, détournée par l'attraction toujours agissante de la sphère solide. La nouvelle diagonale d'un parallélogramme des forces deviendrait un second élément de la parabole décrite par la sonde, et sa courbure plus ou moins prononcée dépendrait de la vitesse horizontale du courant qui entraîne le plomb dans son mouvement.

La veine liquide traversée, la couche d'eau immobile dans laquelle pénètre l'appareil lui oppose une résistance atténuant l'impulsion première, finit par l'anéantir, et le plomb descend uniformément en droite ligne, la pression étant égale sur les côtés.

même ouvrage et qui donne une idée assez exacte des erreurs causées dans l'évaluation des profondeurs, par l'existence d'un courant de surface.

L'influence des courants sous-marins a beaucoup moins d'importance.

Citons encore M. Bouquet de la Grye (*même note*).

« En ce qui regarde un courant sous-marin de même « force que celui de la surface, courant agissant entre les « profondeurs de 400 à 500 brasses, le sondeur descendra « verticalement jusqu'au moment où il rencontrera le cou- « rant intermédiaire, il le traversera en 1 minute 1/2 et sera « dérivé de 46 mètres; mais quand il rencontrera de nouveau « l'eau en repos, la tension de la ligne causée par le sondeur « et par le frottement sur l'eau supérieur au courant empê- « chera à chaque instant ce courant d'entraîner la portion « de ligne qui lui est soumise, et plus grande sera la profon- « deur de la mer, moindre sera l'erreur causée par la « déviation. » (*Consulter la planche.*)

Pour remédier à ces causes d'erreurs, pour calculer cette déviation, il suffit d'en connaître les éléments, c'est-à-dire la vitesse d'entraînement du navire : les marins ont à leur disposition tous les moyens d'obtenir facilement cette donnée, et la vitesse de filage est également facile à constater.

Muni de ces deux éléments, l'officier préposé au sondage n'aura pas de peine à faire les corrections nécessaires.

Mais il est absolument nécessaire que *l'instant précis de l'arrivée au fond du corps sondeur soit immédiatement connue.*

Au cas contraire, en effet, il peut, il doit arriver que la

ligne de sonde se laisse entraîner seule à la dérive du bâtiment, dans les régions voisines de la surface où le frottement de la masse liquide n'oppose qu'une faible influence à l'entraînement ; il peut arriver, et cela est plus dangereux encore, que cette ligne obéisse à l'impulsion du courant de surface.

Nous n'insisterons pas sur les déviations produites par les courants inférieurs, vu leur faible importance probable.

Mais, dans les deux cas que nous venons d'indiquer, les courbes tracées sur les figures précédentes prendraient des dimensions exagérées, et la ligne de sonde donnerait des indications absolument erronées qu'il deviendrait impossible de vérifier avec exactitude.

On voit donc combien il est important de constater instantanément l'instant précis où le sondage est réellement terminé, et cela seul parle victorieusement en faveur de notre système.

DEUXIEME PARTIE

APPAREILS DÉJA CONNUS ET APPLIQUÉS

I

Appareil exposé à Londres par la Russie.

L'amiral Pâris a publié un savant ouvrage sur l'*Art naval à l'Exposition universelle de Londres en 1862.*

Nous y trouvons que la manufacture d'instruments nautiques de Saint-Pétersbourg exposa, dans cette ville, un appareil compliqué de sondage, principalement destiné à recueillir et à amener à la surface des échantillons du fond de la mer. En voici la description :

Deux demi-sphères creuses sont tenues par deux bras en fer à charnières *(Pl. II, Fig. 9)*. Dans la descente, les chaînettes, dont le dernier maillon est pris par un croc, les maintiennent ouvertes.

Lorsque l'appareil touche le fond, le croc bascule abandonne les chaînettes, et, en tirant la ligne de sonde attachée à la tige à coulisse, les deux demi-sphères se rapprochent en râclant le sol dont elles ramènent des échantillons.

II

Ligne à tige fixe.

Pour les sondages à proximité des côtes et à l'embouchure des fleuves, on se sert fréquemment d'une ligne de chanvre munie à son extrémité d'une tige de 18 à 20 pouces de longueur environ. La partie inférieure de cette ligne est tailladée de bas en haut pour ramener dans ses interstices des échantillons du fond. Elle est passée et assujettie dans l'intérieur d'un plomb destiné à précipiter son immersion et à lui donner plus de force pour pénétrer dans les corps durs. *(Pl. II, Fig. 10 et 11.)*

Les résultats sont satisfaisants dans les profondeurs moyennes.

III

Sonde de Massey.

M. Massey, ingénieur-constructeur à Londres, a inventé un plomb de sonde très-utilisé dans les paquebots transatlantiques, pouvant facilement indiquer les profondeurs de 150 à 200 mètres.

Le plomb est muni, dans sa longueur, d'une plaque de cuivre et de diverses pièces mobiles composant l'enregistreur. *(Pl. III, Fig. 12.)*

Par le seul effet de la pression de l'eau, une petite hélice se met en mouvement : l'axe vertical de cette hélice porte à sa partie inférieure une vis sans fin s'engrenant avec un appareil enregistreur à deux cadrans, qui accuse par dizaines et unités le nombre de brasses filées.

Dès que le fond est atteint, un disque horizontal s'abat sur l'axe de l'hélice qui cesse de fonctionner. Quand l'appareil remonte, la pression de l'eau maintient le disque dans la même position, l'hélice reste immobile et l'enregistreur est arrêté.

Les dispositions particulières de cet appareil nécessitent de grandes précautions pour les sondages.

En supposant que le sondage à faire soit de 50 à 60 brasses, le navire filant 5 à 6 nœuds à l'heure, il faut placer l'opérateur à l'avant, sur le bossoir, et quelques matelots le long du même bord; on doit leur prescrire de laisser glisser doucement la corde au moment du jet de la sonde qui doit tomber perpendiculairement dans l'eau.

On peut aussi lancer la sonde par la poupe du navire, et laisser dévider la corde hors d'un tonneau dans lequel elle est lovée.

Cette précaution est indispensable dans les temps difficiles, comme de grands froids, des nuits obscures ou des brouillards épais.

On affirme que cette manière de sonder est bonne par tous les temps et quelle que soit la vitesse du navire.

IV

Sonde de Bonnici.

Partant de ce principe que le plomb en touchant le fond et se décrochant au même instant doit faire cesser l'entraînement de la ligne, un forgeron maltais, du nom de Bonnici, a imaginé l'appareil articulé représenté. *(Pl. III, Fig. 13.)*

Une chappe ou fourche A est attachée au cordage par un anneau mobile, pour éviter la torsion de la ligne ; à son extrémité, deux bras d'une longueur de 9 centimètres forment levier, et sont terminés d'un côté par un croc, de l'autre par un poids à surface cannelée, qui a pour but d'assurer leur chute aussitôt que le corps lourd qui les maintient levées rencontre une résistance.

Les deux crocs qui terminent les leviers sont réunis et fixés à la partie inférieure de la chappe A par le boulon C, autour duquel ils tournent librement.

Aussitôt que le plomb ou boulet suspendu aux crocs au moyen d'un fil de fer est arrivé et cesse de peser sur eux, les contre-poids placés à l'autre extrémité font tomber les deux leviers de chaque côté, les crocs s'ouvrent et abandonnent le plomb (1).

V

Appareil à levier articulé de Skead.

M. Skead, master à bord du bâtiment anglais le *Tartarus*, a construit le sondeur représenté *planche III, figure 14.*

---

(1) *Météorologie nautique.* — Charles Ploix.

Il se compose d'une tige en fer terminée par un croc; l'extrémité contraire est munie d'un poids en forme de coupe dont les côtés sont à surface dentelée. Cette tige est légèrement courbée dans le sens du croc, et porte une rainure de 10 centimètres que parcourt un anneau libre auquel la ligne de sonde est attachée.

Pour sonder, on graisse avec du suif le poids P dentelé qui doit ramener les échantillons du sol, on suspend le plomb de sonde au croc, et, en roidissant la ligne, il maintient la tige dans la position indiquée par la *figure 14*.

Le filage de l'appareil se fait avec précaution, et la corde doit toujours être tendue jusqu'au dernier moment.

En touchant le fond, la tige, par l'effort du poids P, bascule, l'anneau glisse dans la rainure et le plomb reste au fond.

Le dessin ponctué montre le jeu de l'appareil (1).

VI

Plomb de sonde « le Coentre » adopté par la Marine impériale.

Pl. III, Fig. 15. — Pour obtenir un bon résultat par une profondeur de 100 mètres, il faut laisser tomber à la mer, en même temps que le plomb, une quantité de lignes en glènes de 110 à 115 mètres, afin que l'appareil n'éprouve d'autre résistance que celle des molécules du fluide.

Les aiguilles indicatrices sont mises en mouvement par l'hélice placée à la partie supérieure du plomb, entre les

---

(1) *Météorologie nautique.* — Charles Ploix.

quatre branches du sondeur qui la protégent dans ses évolutions contre les corps étrangers.

Les divisions des deux cadrans indiquent les mètres.

Lorsque l'instrument a touché le fond, il est important de le haler sans laisser filer la ligne de nouveau, parce que l'hélice en retombant ferait parcourir aux aiguilles de nouvelles divisions, ce qui occasionnerait une erreur dans les résultats.

Le brassiage n'est connu qu'au moment où le sondeur est ramené à bord.

L'opérateur doit, avant de commencer les sondages en mer, expérimenter sur un fond bien connu de 15 à 20 mètres, et régler, au moyen de clefs spéciales, l'hélice et les aiguilles.

La cavité ménagée à la base du plomb sert à rapporter les matières qui composent le fond.

Résultats obtenus avec un plomb dont l'inclinaison de l'hélice n'était pas réglée et dont on a tourné les ailes au moyen des clefs après les sondages, jusqu'au moment où les indications données par les cadrans ont été exactes.

MÈTRES indiqués sur les cadrans avant les sondages.	MÈTRES indiqués sur les cadrans après les sondages.	PROFONDEURS données par le plomb.	PROFONDEURS réelles données par la ligne.	ERREURS.
mètres.	mètres.	mètres.	mètres.	mètres.
18	40	22	36	14
40	60	20	36	16
60	89	29	37	8
89	119	30	37	7
119	156	37	37	0
156	194	37	37	0
194	234	40	40	0
234	276	42	41	0
276	320	44	44	0
320	364	44	44	0
364	408	44	44	0

Ce tableau prouve la facilité avec laquelle se règle cet ingénieux appareil, puisqu'à la quatrième opération, la profondeur accusée par les aiguilles correspondait à la longueur de ligne filée.

VII

Sonde de Walker exposée au Havre en 1868.

MM. Spinelli et Mahier, opticiens au Havre, représentants de M. Walker, de Londres, à l'Exposition internationale maritime, de 1868, ont soumis à l'examen du jury une ligne de sonde de laquelle on s'est servi pour les études hydrographiques qui ont précédé la pose des câbles transatlantiques.

Cet appareil est composé de deux pièces parfaitement distinctes : le plomb de sonde et l'enregistreur. *(Pl. III, Fig. 16 et 17.)*

Le plomb de sonde est directement attaché sous l'appareil enregistreur, afin de maintenir la descente verticale. L'enregistreur, comme celui de M. Massey, est mis en mouvement par une hélice et indique la quantité de brasses parcourues par la sonde.

Un cadran réducteur indique les unités et les dizaines de brasses ; un deuxième cadran, mu par le premier et placé du côté opposé, donne la profondeur totale.

Cet appareil, vivement apprécié en Angleterre, est construit pour mesurer 150 fathoms. On peut le disposer pour enregistrer un plus grand nombre de brasses.

Cependant, malgré le mérite de tous les systèmes déjà connus, appliqués et que nous avons énumérés, le moment d'arrivée de la sonde au fond dans les régions où la pression est considérable n'est nullement indiqué à la surface, et la ligne continue sa descente. C'est cet inconvénient grave que nous espérons surmonter avec les appareils dont nous allons donner la description.

TROISIEME PARTIE

ÉLECTRO-BARATHROMÈTRE

NOUVEAU SYSTÈME DE SONDAGE PAR L'ÉLECTRICITÉ

Modèle n° 1.

Cet appareil a pour but d'établir automatiquement *par le choc du plomb de sonde contre le fond* un courant électrique *qui indique instantanément à la surface l'instant précis du contact*, quelle que soit la profondeur, et de prévenir ainsi le sondeur, à la vue ou à l'ouïe, qu'il doit cesser de filer sa ligne.

Les organes essentiels d'application de l'électricité à la mesure des profondeurs inaccessibles sont au nombre de trois :

1° — Un cordage de chanvre ciré ou de soie bien lissée de grosseur et de dimension convenables, lové dans une cuve et s'enroulant sur une bobine d'un diamètre déterminé;

2° — Une ligne de transmission électrique assujettie au cordage ou renfermée dans son intérieur;

3° — Un plomb de sonde d'une construction spéciale attachée au bout de la ligne.

La ligne de transmission électrique est composée de deux conducteurs parfaitement isolés, par les moyens bien connus, et appliqués dans des conditions beaucoup plus difficiles aux câbles électriques sous-marins.

Ces conducteurs sont : soit deux fils métalliques de petit diamètre, soit plusieurs brins réunis en torsades. Ces derniers seraient préférables, ils sont moins sujets à s'aigrir sous l'action du courant et subissent plus facilement sans crainte de rupture les flexions réitérées d'enroulement et de déroulement de la bobine. Les enveloppes isolantes doivent être en *gutta-percha*.

Dans le navire ou le canot chargé d'opérer, est placé l'appareil producteur du courant, dont les pôles sont en communication avec les deux conducteurs isolés de la ligne de transmission.

Quelle que soit la longueur de cette ligne, si l'on met en communication, à l'autre extrémité, les deux fils ou torsades qu'elle renferme, un circuit sera formé et un courant électrique s'établira. Partant de la source, ce courant suivra l'un des conducteurs jusqu'à l'extrémité de la ligne, reviendra à la source par l'autre conducteur, et sera susceptible de mettre en mouvement un organe avertisseur quelconque « sonnerie ou galvanomètre. » Si la communication des deux fils cesse, le circuit est rompu, le courant ne peut s'établir, et l'appareil avertisseur reste immobile ou silencieux.

Le plomb de sonde ou poids attaché à une extrémité de la ligne est l'organe destiné non-seulement à couler cette ligne, mais dans le système nouveau il doit encore, par sa rencontre avec le fond, rétablir le circuit rompu, et, par suite, le courant électrique avertisseur.

Sa dimension est déterminée par les cas spéciaux de courant et de profondeur.

Ce plomb de sonde est piriforme (*Pl. III, Fig. 18 et 19*) et composé de deux parties essentiellement distinctes, mises chacune séparément en communication avec un des pôles de la pile, et réunies entre elles par une rondelle isolante B, sur laquelle elles sont solidement attachées.

De la partie supérieure C partent, en quantité suffisante, de petits ressorts R métalliques, de longueurs diverses, fixés par une vis et recourbés de telle façon que leur extrémité se trouve vis-à-vis et à peu de distance de boutons en platine, en nombre égal, soudés sur la partie inférieure A du plomb de sonde. L'extrémité intérieure de ces ressorts est platinée.

Si, par un moyen quelconque, on vient à mettre en contact chaque ressort avec le bouton de platine correspondant, le courant sera établi et l'appareil avertisseur, à l'extrémité de la ligne, fonctionnera.

Pour abriter ces organes délicats, la partie inférieure A du plomb de sonde est enveloppée dans une bourse en caoutchouc F, qui vient former bourrelet au-dessus de la rondelle isolante et fortement maintenue par une ligature. L'intervalle compris entre cette bourse et l'appareil est rempli d'alcool pur, dans lequel baignent les ressorts sans aucun danger d'oxydation.

L'alcool étant fort peu compressible (1), conservera sous

(1) La compressibilité de l'alcool à 7° est de 83 millionièmes.

toutes les pressions son volume initial, tiendra l'enveloppe en caoutchouc distendue, et s'opposera toujours à la réunion des ressorts avec leurs buttées.

L'alcool est, en outre, très-mauvais conducteur de l'électricité : il s'établira donc à travers le liquide, entre les deux pôles de la pile, un courant trop faible pour faire fonctionner l'avertisseur, et suffisant pour tenir la ligne *chargée*, c'est-à-dire prête à transmettre instantanément dans un long circuit le fluide électrique, comme cela se voit en télégraphie ; par exemple, dans certains systèmes à nombreuses émissions, de Caselli, de Hughes, etc.

La *figure 20* (*Pl. IV*) représente l'appareil fonctionnant dans diverses positions : les dimensions relatives sont naturellement exagérées dans le dessin.

1° — *Rencontre d'un fond plat.* — L'enveloppe en caoutchouc touche d'abord, le plomb continue à descendre, l'alcool incompressible entre le sol et la masse descendante remonte et vient se loger dans le haut de l'enveloppe distendue. Le contact s'établit par les ressorts inférieurs.

2° — *Rencontre d'un plan incliné.* — La résistance exercée normalement par le plan incliné suffit pour comprimer le caoutchouc en raison du poids considérable de la sonde : le contact s'établit alors par les ressorts latéraux.

Quelle que soit notre conviction à l'égard des profondeurs sous-marines, et bien que nous soyons persuadé de la possibilité de toucher toujours le fond avec des poids suffisants, il nous faut pourtant raisonner dans le cas peu probable où le plomb de sonde resterait suspendu, dans un état d'équilibre indifférent, au sein de la masse liquide.

Dans cette hypothèse, la couche liquide immédiatement

placée au-dessous de l'appareil au moment de l'arrêt produirait sous la résistance de la masse inférieure un effet analogue à l'action d'un fond plat ; le contact s'établirait encore par les ressorts inférieurs, et l'opérateur, en retirant sa ligne et constatant l'absence d'échantillons du sol à son appareil, serait facilement averti qu'il n'a pas touché le fond.

L'épaisseur du caoutchouc sera calculée, suivant les cas, d'après les profondeurs probables à sonder et le poids du plomb de sonde qui en est la conséquence. Il sera de même prudent d'exagérer cette épaisseur, afin d'augmenter la résistance de l'enveloppe à la pression considérable du liquide, et d'obvier au déplacement possible de l'alcool sous l'action des courants interposés. Il faudra prendre, en résumé, toutes les précautions nécessaires pour garantir cette enveloppe, organe essentiel de l'appareil, contre toutes les causes de rupture.

Quant à la formation de bulles gazeuses par l'*électrolysation*, elle n'a point d'inconvénient ; ce gaz monte à la partie supérieure de l'alcool, et n'empêche pas le liquide de fonctionner comme milieu isolant, incompressible et parfaitement docile à toute dépression dans les conditions normales au moment du contact.

Le faible jeu des ressorts presque plaqués sur la sonde les garantit de toute déformation. La communication du fluide est assurée entre deux surfaces de platine, même dans l'alcool, comme le prouve l'expérience.

Il sera urgent d'employer en mer une pile assez forte pour ne pas confondre le signal automatique à la surface, produit par l'arrivée de la sonde au fond, avec les courants étrangers que le frottement ou la variation brusque de température pourrait développer dans la ligne de transmission électrique.

Les éléments de pile *Marié-Davy* nous paraissent offrir une grande sécurité par la constance et la durée de leur courant.

En résumé, l'*électro-barathromètre*, pour le sondage des mers profondes, réunit les conditions suivantes :

1° Sensibilité uniforme et constante, quelle que soit la pression de la colonne liquide ; 2° avertissement instantané à l'opérateur de l'arrêt du plomb de sonde, soit au fond, soit au sein de la masse liquide

LÉGENDE :

A, B, G — Ensemble du plomb de sonde ;
A — Partie inférieure du plomb de sonde ;
B — Partie moyenne du plomb, en matière isolante ;
C — Câble contenant les deux fils conducteurs ;
E — Ligature emprisonnant hermétiquement l'alcool entre la sonde et son enveloppe ;
F — Bourse en caoutchouc remplie d'alcool ;
R — Ressort reliant A et C au moment du contact ;
T, V — Moyen d'attache des trois parties de la sonde ;
d — Pôle négatif ;
d' — Pôle positif.

Dans la *figure 18*, les conducteurs du fluide électrique sont enroulés sur la ligne de sonde. Dans la *figure 19*, ces conducteurs sont renfermés dans l'intérieur de la ligne et ne forment avec elle qu'un seul cordage.

La poulie sur laquelle passe la ligne doit être maintenue par une corde à un *condenseur en caoutchouc* fixé à la vergue de sondage disposée à cet effet, afin d'éviter les causes fréquentes de rupture des lignes qui résulteraient d'un tangage violent.

Modèle n° 2.

Le plomb de sonde est une masse de fonte en forme de cône tronqué, percée de part en part suivant son axe vertical d'un double trou cylindrique de diamètres différents, dans lequel se loge l'appareil communicateur de l'électricité. (*Pl. IV*, *Fig. 21.*)

Le système d'attache de la ligne de sonde au poids sondeur est analogue à celui des cloches à plongeur. L'extrémité inférieure de cette ligne, serrée d'abord entre deux écrous, pénètre ensuite dans la cavité supérieure du plomb de sonde. Elle se termine par une gaîne isolante, extensible, en caoutchouc, de quelques centimètres, à laquelle est suspendu, par une tige en métal, un plateau de fonte d'un diamètre égal au diamètre inférieur du plomb de sonde. Ce plateau est surmonté lui-même d'un cylindre de fonte à travers lequel passe la tige de suspension et qui peut glisser à frottement doux dans la cavité cylindrique inférieure.

La tige de suspension présente un disque qui vient s'appuyer sur une cloison séparatrice, qu'elle traverse entre les deux cavités inférieure et supérieure.

Cette disposition a pour but de soulager l'extrémité libre de la ligne et la gaîne extensible en caoutchouc, en faisant porter directement tout le poids du plateau sur le plomb de sonde, et par suite sur la ligne tendue au-dessus de son point d'attache.

Dans la disposition normale, pendant la descente, le plateau inférieur se trouve à une faible distance du plomb de sonde; l'extrémité supérieure de la tige qui supporte ce plateau est à la même distance des fils conducteurs aboutissant à l'extrémité de la ligne.

L'eau de mer ne pouvant pénétrer à l'intérieur de la gaîne isolante en caoutchouc, l'appareil électrique ne fonctionne pas.

Mais, dès que le plateau rencontre le sol, le plomb de sonde continuant à descendre sous l'action de son poids, la tige métallique se rapproche des fils conducteurs jusqu'à les toucher, le courant s'établit, et l'appareil indicateur fonctionne.

LÉGENDE EXPLICATIVE :

Pl. IV, Fig. 21. — Coupe par l'axe de l'extrémité de la ligne et du plomb de sonde ;

A — Câble servant de ligne ; il est formé de deux fils métalliques *a*, *a*, séparés par des enveloppes isolantes et réunis en un seul filin par les moyens ordinaires ;

B — Plomb de sonde en métal qnelconque, attaché en *b* à l'extrémité de la ligne A, de manière à conserver un prolongement de cette ligne à l'intérieur du plomb ;

Fig. 22. C — Communicateur à choc ; il peut glisser librement dans B, soutenu par la tige C ; il est évidé en dessous pour ramener des échantillons du fond ;

D — Gaîne isolante et imperméable réunissant le bout prolongé de la ligne A et celui de la tige C ; elle est serrée sur chacun de ses bouts de manière à ce que l'eau n'y puisse pénétrer.

Fig. 23. — Le plomb de sonde est suspendu, les fils *a, a*, sont isolés ; le courant électrique, reçu par un fil seulement, ne peut se rendre à l'autre fil, mais si la base du communicateur C rencontre le fond, il cesse de descendre, et le corps de sonde B continuant sa course pour reposer à son tour, rapproche les fils *a*, *a*, de la plaque métallique *c* qui prolonge la tige C dont elle est séparée par un corps isolant et élastique.

Le contact de la plaque métallique produit l'inflexion d'une pièce mobile qui s'applique sur les deux fils à la fois pour établir le courant et faire agir à la surface, sans erreur possible au moment du contact, l'avertisseur F (*Fig. 24*), ou un stoppeur E, mis en mouvement par l'électro *e*, comme dans la *figure 25*.

Si les expériences ont lieu dans de faibles profondeurs, aux abords des côtés ou à l'embouchure des fleuves, on peut lover entièrement une ligne graduée par mètres sur une bobine de déroulement pour en connaître la quantité déroulée au moment où le courant électrique s'établit. (*Pl. IV, Fig. 26.*)

On obtient ensuite la communication des conducteurs de la ligne de transmission avec le générateur d'électricité, en leur faisant traverser l'axe creux de cette bobine, et en les terminant par un bouton isolé qui frotte, dans sa rotation, sur un fil conducteur relié à la pile.

Modèle n° 3.

Dans la télégraphie aérienne, on emploie maintenant un seul fil conducteur pour la transmission des dépêches, en reliant un pôle de la pile à la terre, c'est-à-dire au *réservoir commun d'électricité,* et le fluide vient se recombiner à travers ce fil, le récepteur et le sol.

On peut employer le même procédé dans les sondages de la mer.

Un pôle de la pile étant immergé, communique avec le *réservoir commun* par la masse liquide, considérée à juste titre comme conducteur par excellence du fluide électrique. Aussitôt que le contact de la sonde avec le fond a lieu, le courant s'établit comme dans les lignes télégraphiques terrestres.

LÉGENDE EXPLICATIVE :

Pl. V, Fig. 27. — Vue de l'électro-barathromètre disposé pour un sondage ;

Fig. 28. — Coupe transversale par l'axe du plomb de sonde ;

A — Ligne de sonde renfermant un conducteur unique ;

B, B — Cordelettes rattachant à la ligne A la partie supérieure C de la sonde ;

C — Partie supérieure de la sonde suspendue à la ligne A par les agraffes, *c, c ;*

D — Partie inférieure de la sonde jouant librement et suspendue dans la partie C par l'épaulement *d,* avec un certain intervalle entre elles ;

E — Conducteur dans sa gaîne isolante traversant la partie supérieure C ; l'épaulement *d* et la partie D ;

F — Alvéole isolante renfermant le mercure, communiquant néanmoins avec le bloc inférieur D, par un conducteur *f*;

G — Appareil générateur du courant électrique.

Un de ses pôles est relié à l'extrémité de la ligne, l'autre pôle communique avec la masse liquide. Le timbre avertisseur *g* est interposé en un point quelconque de ce circuit ouvert.

Dès que la sonde a porté contre le fond, le conducteur E plonge dans la colonne de mercure, ferme le circuit, et l'avertisseur automatique indique avec précision le moment où le manipulateur fonctionne.

Modèle n° 4.

SONDE A DÉCLIC.

L'électro-barathromètre disposé comme nous l'indiquons dans les figures précédentes peut fonctionner régulièrement à des profondeurs où la pression n'est pas assez forte pour nécessiter l'abandon du plomb de sonde.

Ces profondeurs sont parfois considérables, car dans un sondage fait à bord du *Bull-dog* la ligne a ramené d'une profondeur de 3,480 mètres un sondeur en fer pesant 53 kilogrammes, et dans une autre expérience sur le *Porcupine* un plomb de sonde de 58 livres est revenu d'une profondeur de plus de 3,200 mètres.

Mais dans les parages où les sondes actuelles n'ont donné aucun résultat, il sera alors indispensable d'employer un genre de déclic spécial pour que le plomb, en buttant contre le fond, établisse le courant avertisseur et s'échappe en même temps de la tige, afin de faciliter le retour de la ligne à l'extrémité de laquelle on trouvera des échantillons du lit de la mer.

Ce dernier point intéresse essentiellement la science hydrographique.

Nous donnons la légende descriptive de ce quatrième modèle.

LÉGENDE DESCRIPTIVE :

Fig. 29. — Coupe sur l'axe du plomb de sonde ;
Fig. 30. — Élévation de l'appareil ;
Pl. VI, Fig. 31. — Coupe longitudinale de la tige ;
A — Enveloppe extérieure ;
r — Déclic ;
f, f' — Fils conducteurs ;
t — Tige du piston ;
c — Rondelle en caoutchouc ;
b — Ressort à boudin ;
d — Chapeau vissé sur l'enveloppe A ;
p — Piston ;
m — Disque métallique ;
m' — Disque métallique fixé sur une rondelle isolante ;
C — Cylindre isolant ;
B — Tube à soupape ;

Le plomb de sonde est suspendu à la ligne par le système à déclic. Si l'appareil rencontre une résistance, le plomb agit sur les deux leviers articulés qui le maintiennent par des cordelettes, celles-ci décapellent et le boulet s'échappe du déclic.

Au même instant, le piston métallique *p* sollicité par son propre poids et poussé par le ressort *b* glisse dans l'enveloppe A, jusqu'au contact de la partie inférieure *m'* et le courant s'établit de la manière suivante :

Les deux conducteurs *f f'* renfermés dans la ligne se séparent à l'extrémité, passent, à droite et à gauche, au travers du chapeau *d*, le fil *f* s'enroule en spirale sur la tige du piston jusqu'à la plaque métallique *m ;* le fil *f'* longe la partie latérale de l'enveloppe et vient se souder dans l'embase métallique *m'* : leur réunion met en contact les deux pôles de la pile. + —

Les plaques sont dentelées de façon à engrener, pour que le contact s'établisse plus rapidement sur une surface plus étendue. Ces deux plaques métalliques sont doublées de rondelles isolantes. Les parois intérieures de l'enveloppe sont également tapissées d'une matière isolante afin d'éviter tout contact dû à l'introduction possible de l'eau de mer.

Le tube B destiné à ramener les échantillons forme l'extrémité de la sonde. Il est muni d'une soupape qui, par l'effet de la pression, reste toujours ouverte dans la descente, l'eau s'échappe par une ouverture pratiquée dans la paroi du tube.

Dans le retour de la sonde, le piston reprend sa position primitive et le courant électrique cesse de fonctionner. La pression de l'eau ferme la soupape et les matières ramenées du fond restent, par-dessus cette soupape fermée, dans le tube.

Modèle n° 5.

SONDE A HÉLICOÏDE.

Dans cet appareil le plomb de sonde est traversé par une tige verticale, portant à son extrémité inférieure une hélice. Un mouvement d'horlogerie logé dans la partie supérieure du plomb de sonde fait fonctionner cette hélice.

Le but de ce mécanisme est de maintenir la direction de la chute dans une ligne verticale, et d'aider le plomb de sonde à vaincre plus facilement la résistance des couches liquides et l'influence des courants interposés.

La tige verticale de l'hélice est terminée à sa partie supérieure par une petite plaque métallique, isolée, à peu de distance en regard des fils conducteurs isolés de la ligne. Quand le plomb de sonde touche le fond, la tige de l'hélice arrivée la première remonte, dégageant ainsi le pignon d'engrenage avec le mouvement d'horlogerie qui s'arrête, et la plaque métallique arrive en contact avec les fils. Le courant s'établit et l'appareil indicateur fonctionne.

En même temps, la ligne de sonde s'infléchit, les deux tiges à cuillère formant levier décapellent du déclic et raclent le sol dont elles ramènent les échantillons.

La *figure 33* montre l'appareil au moment où il rencontre la terre.

LÉGENDE DESCRIPTIVE :

Pl. VI, Fig. 32 et 33. — Coupe transversale de l'appareil;
d — Corps de sonde en métal, percé de part en part pour donner passage à la tige de l'hélice ;
e — Hélice mise en fonction par le mouvement d'horlogerie F ;
f — Mouvement d'horlogerie vissé sur la sonde ;
a — Ligne de sonde ;
g, *g* — Fils conducteurs du courant électrique ;
b, *b* — Attaches de la sonde ;
i, *i* — Branches articulées formant le système de déclic ;
h, *h* — Tiges à cuillère dentelée, munies de poids et soutenues, au moyen de deux fils, par le déclic.

Modèle n° 6.

Les appareils que nous venons de décrire sont, nous en sommes convaincu d'avance, appelés à subir d'importantes modifications, soit dans leur construction, soit dans les matériaux.

Il y aura lieu de les simplifier, d'arriver à une fabrication peut-être plus pratique, à des modèles moins délicats, enfin à plus de sûreté dans l'évaluation des résultats, avec moins de dépenses dans l'établissement des appareils.

Ce que nous avons voulu principalement établir, c'est le principe ; nous invitons les ingénieurs hydrographes, plus compétents que nous en la matière, à travailler d'après nos indications, et nous serions heureux de voir nos efforts couronnés par une prompte et intelligente application de notre système.

Nous avons d'ailleurs nous-même étudié la question pratique, et nous sommes en mesure de soumettre à nos lecteurs certaines modifications plus simples et moins coûteuses de nos appareils primitifs.

C'est ainsi que notre sixième modèle est une modification du premier.

On se rappelle que notre modèle n° 1 consiste essentiellement en deux masses métalliques destinées à recevoir chacune un des pôles de la pile, et réunies par une rondelle isolante.

L'établissement d'un pareil système serait difficile et coûteux.

Nous avons donc songé à n'employer qu'une seule masse métallique, recouverte dans sa partie inférieure d'une première enveloppe isolante, puis d'une seconde enveloppe métallique qui, parfaitement isolée de la masse principale, jouerait, par rapport à elle, le rôle de la partie inférieure du modèle n° 1, par rapport à sa partie supérieure.

Notre sixième modèle se compose donc d'une seule masse piriforme en fonte, dont la moitié inférieure est recouverte d'une couche isolante en *gutta-percha* sur laquelle vient s'appuyer une enveloppe en feuille de cuivre.

Le reste de l'appareil est en tout semblable au premier modèle, et le fonctionnement est le même.

Nous avons fait construire un plomb de sonde dans ces conditions qui nous a donné des résultats prévus et définitifs.

LÉGENDE :

Pl. VI, Fig. 34. — A — Corps de la sonde en fonte ;
B — Enveloppe en caoutchouc isolant la calotte C de la sonde A ;
C — Enveloppe en cuivre isolée de la sonde A par l'enveloppe B, et fixée dans la partie D qui est en matière isolante ;
D — Cercle en matière isolante servant à fixer la calotte C ;
E — Enveloppe en caoutchouc recouvrant toute la partie inférieure de la sonde ;
E — Liens servant à fixer l'enveloppe ;
I — Borne mettant la partie supérieure en communication avec le câble ;
H — Borne mettant la partie inférieure en communication avec le câble ;
J — Ressorts établissant la communication entre les parties supérieure et inférieure de la sonde.

L'appareil, de construction facile, peut subir sans altération des mouvements assez brusques et s'ajuster rapidement.

Appareil-enregistreur de l'Électro-Barathromètre.

On s'est constamment appliqué à munir les plombs de sonde de cadrans-réducteurs ou d'appareils enregistreurs mis en mouvement par une hélice afin d'évaluer la colonne d'eau que parcourt l'appareil.

Ce moyen, quoique très-ingénieux, nous paraît insuffisant, en ce sens que la ligne doit être entièrement remontée à bord, à chaque opération, pour consulter le plomb-indicateur (1).

---

(1) Quant à l'emploi d'instruments à roues avec des cadrans-enregistreurs pour mesurer les grandes profondeurs, on a reconnu après de nombreux essais qu'il n'y avait aucune foi à faire sur leur exactitude, et qu'ils tendent plutôt à créer des doutes qu'à vérifier les profondeurs données par les lignes. — BOUQUET DE LA GRYE, *Note sur les sondes,* page 13.

Il y a donc une perte de temps appréciable dans les travaux hydrographiques qui doivent se poursuivre activement soit avant, soit pendant l'immersion du câble sous-marin.

LÉGENDE DESCRIPTIVE :

Pl. VI, Fig. 35 et 36. — A — Tambour de déroulement sur lequel s'enroule la ligne de sonde ;

a — Goupille fixée sur un des bras du tambour de déroulement — ce qui permet de diminuer la hauteur de l'appareil — en engrenant avec le pignon B ;

B — Pignon placé sur l'arbre creux *n* ; il est armé de 345 dents ; chaque dent marque un tour de la bobine et indique la quantité de ligne déroulée pendant l'évolution de cette dernière sur elle-même. Cette indication est traduite sur le cadran I au moyen d'une aiguille ajustée sur l'arbre du pignon ;

C — Rochet ;

n — Arrêt maintenant le rochet dans une position invariable lorsque le pignon B avance d'une dent ;

d — Disque en cuivre auquel est adaptée une goupille ; il est monté sur le même arbre que le pignon B. Quand ce dernier a fait un tour entier, c'est-à-dire marqué 345 divisions sur le grand cadran, la goupille du disque se trouve en contact avec un pignon *e*, monté sur un arbre isolé. A l'arrière du même arbre est un deuxième pignon de semblable diamètre portant 16 divisions, lequel engrène avec un troisième pignon ajusté sur l'arbre plein *m* ; cet arbre met en mouvement une aiguille fixée à son extrémité qui enregistre, sur le petit cadran *n*, le nombre de fractions parcourues par la grande aiguille. Un rochet y est également adapté et remplit les fonctions du précédent ;

K — Frein arrêtant la sonde dès qu'elle touche le fond.

t — Bâti du treuil.

On peut à volonté remonter la sonde soit par la manivelle *g*, soit au moyen de la poulie *k* mise en mouvement par la vapeur.

Le développement de la bobine est de 2ᵐ 07. Ainsi, les

345 divisions du cadran parcourues par la grande aiguille correspondant à 714^{m} 15^{c} de ligne déroulée, et les 16 divisions du deuxième cadran donnent une quantité totale de 11,426^{m} 40.

Pour éviter de compter les nombres que parcourt la grande aiguille, le cadran est fractionné en dix parties égales : 71^{m} 415.

La bobine peut être munie d'un *stoppeur* arrêtant le déroulement de la sonde au moment où elle atteint le fond, ou préférablement en cesser graduellement le filage par le système de frein, afin d'éviter les arrêts trop brusques qui, dans certains cas, pourraient déterminer la rupture du cordage.

On doit remonter la ligne au moyen de la manivelle; mais pour exécuter des sondages d'une manière continue, il est indispensable de faire fonctionner le treuil par la vapeur.

TABLE DES MATIÈRES

DEUXIÈME PARTIE. — APPAREILS DÉJA CONNUS ET APPLIQUÉS.

TROISIÈME PARTIE. — ÉLECTRO-BARATHROMÈTRE. — NOUVEAU SYSTÈME DE SONDAGE PAR L'ÉLECTRICITÉ.

PARIS, IMP. PAUL DUPONT, 41, RUE J.-J.-ROUSSEAU (HÔTEL DES FERMES). (3405.8.70)

Fig 1.

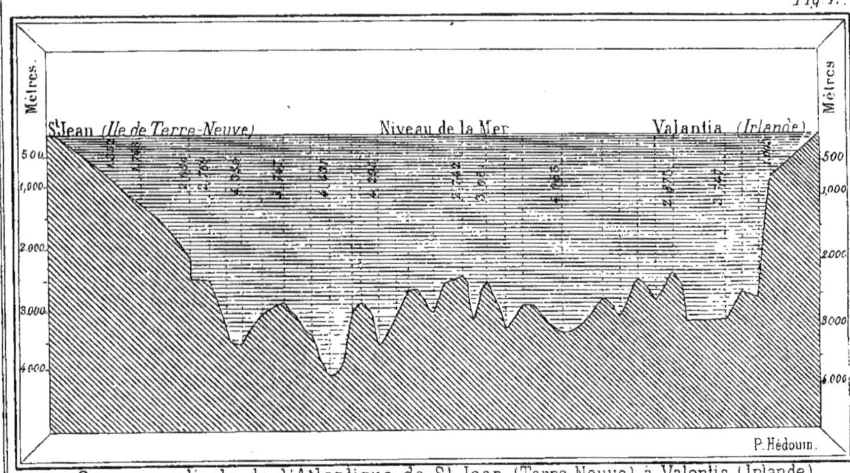

Coupe verticale de l'Atlantique, de St Jean (Terre-Neuve) à Valentia (Irlande)

Fig. 2.

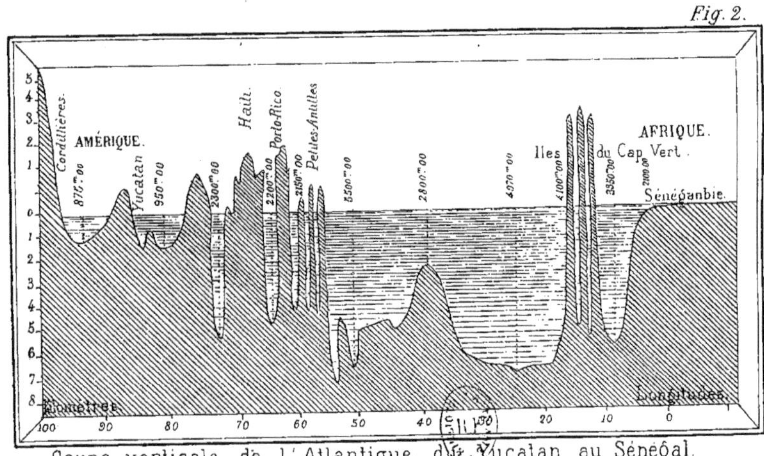

Coupe verticale de l'Atlantique, du Yucatan au Sénégal.

PL. I.

Fig. 3.
MARCHE DU GREAT EASTERN
CÂBLE TRANSATLANTIQUE FRANÇAIS.
De Brest à St Pierre et de St Pierre au Continent Américain.
AMÉRIQUE
SEPTENTRIONALE
ÉTATS UNIS
Terre Neuve
Gd Banc
Iles Britanniques
MANCHE
FRANCE
ESPAGNE
OCÉAN ATLANTIQUE
A
B
Fig. 4.
Fig. 5.
Fig. 6.
i
e
A
f
T
D

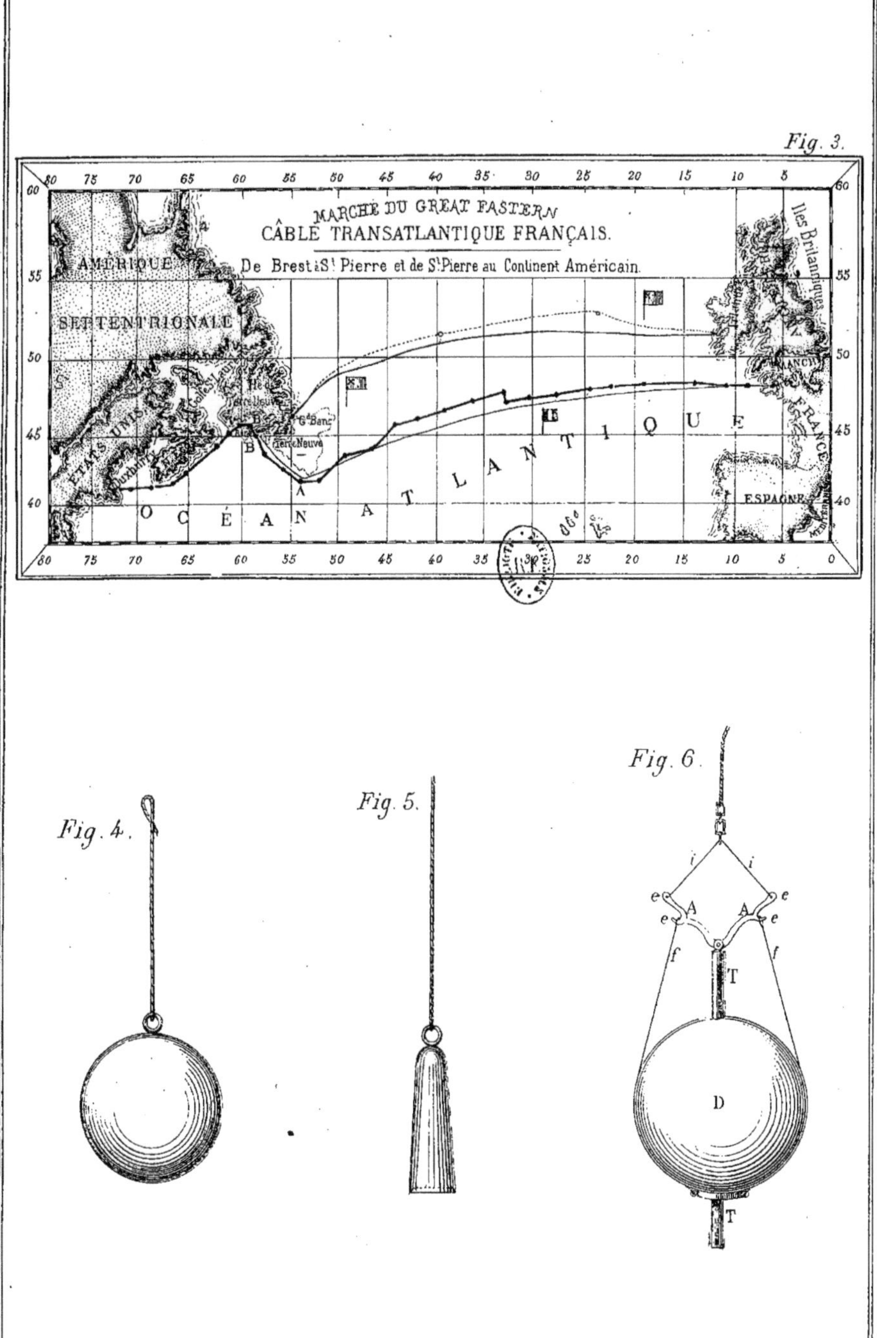

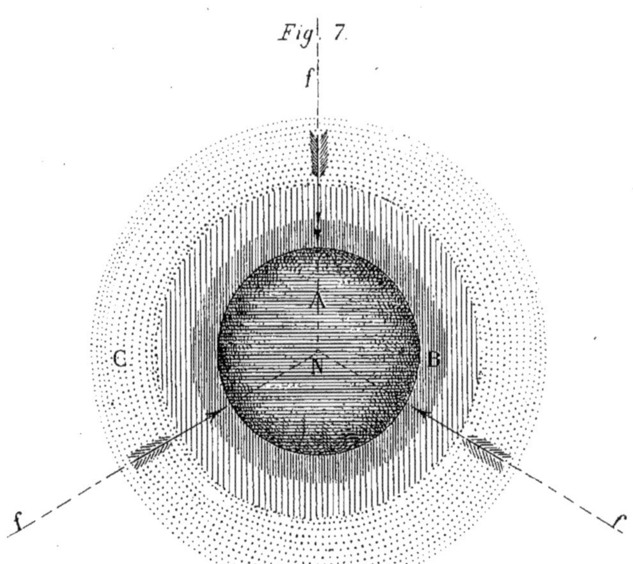
Fig. 7.
f
A
N
C
B
f
f
N. Centre d'attraction
A. Sphère solide
B. Sphère liquide
C. Sphère atmosphérique
f. Direction de la pesanteur.

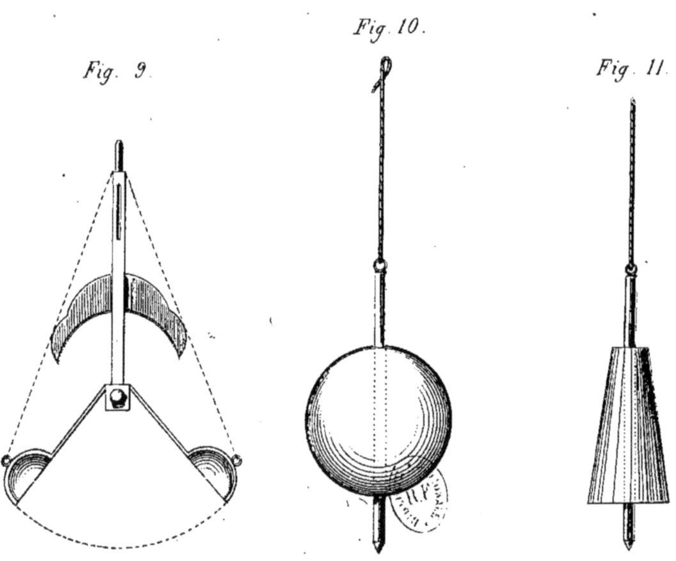
Fig. 9.
Fig. 10.
Fig. 11.

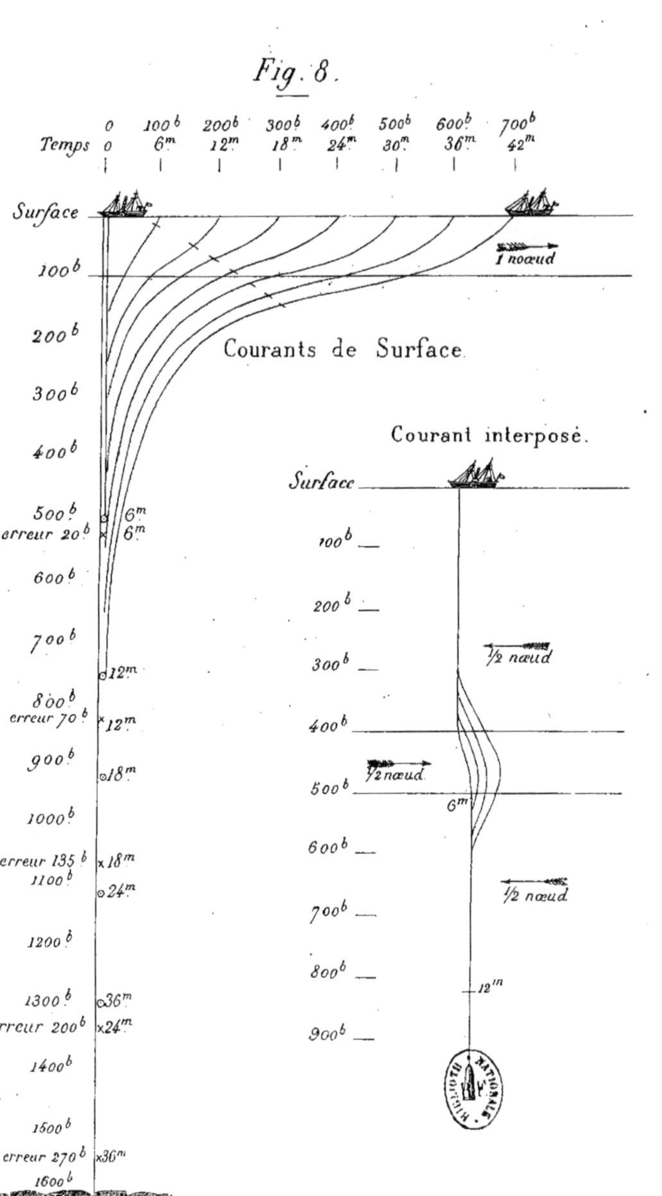
Fig. 8.
Temps
0 100b 200b 300b 400b 500b 600b 700b
0 6m 12m 18m 24m 30m 36m 42m
Surface
1 nœud
100b
200b
Courants de Surface
300b
400b
Courant interposé.
Surface
500b
erreur 20b
6m
6m
100b
600b
200b
700b
300b
½ nœud
12m
800b
erreur 70b
12m
400b
900b
18m
½ nœud
500b
1000b
6m
600b
erreur 135b
18m
1100b
24m
½ nœud
700b
1200b
800b
12m
1300b
36m
erreur 200b
24m
900b
1400b
1500b
erreur 270b
36m
1600b

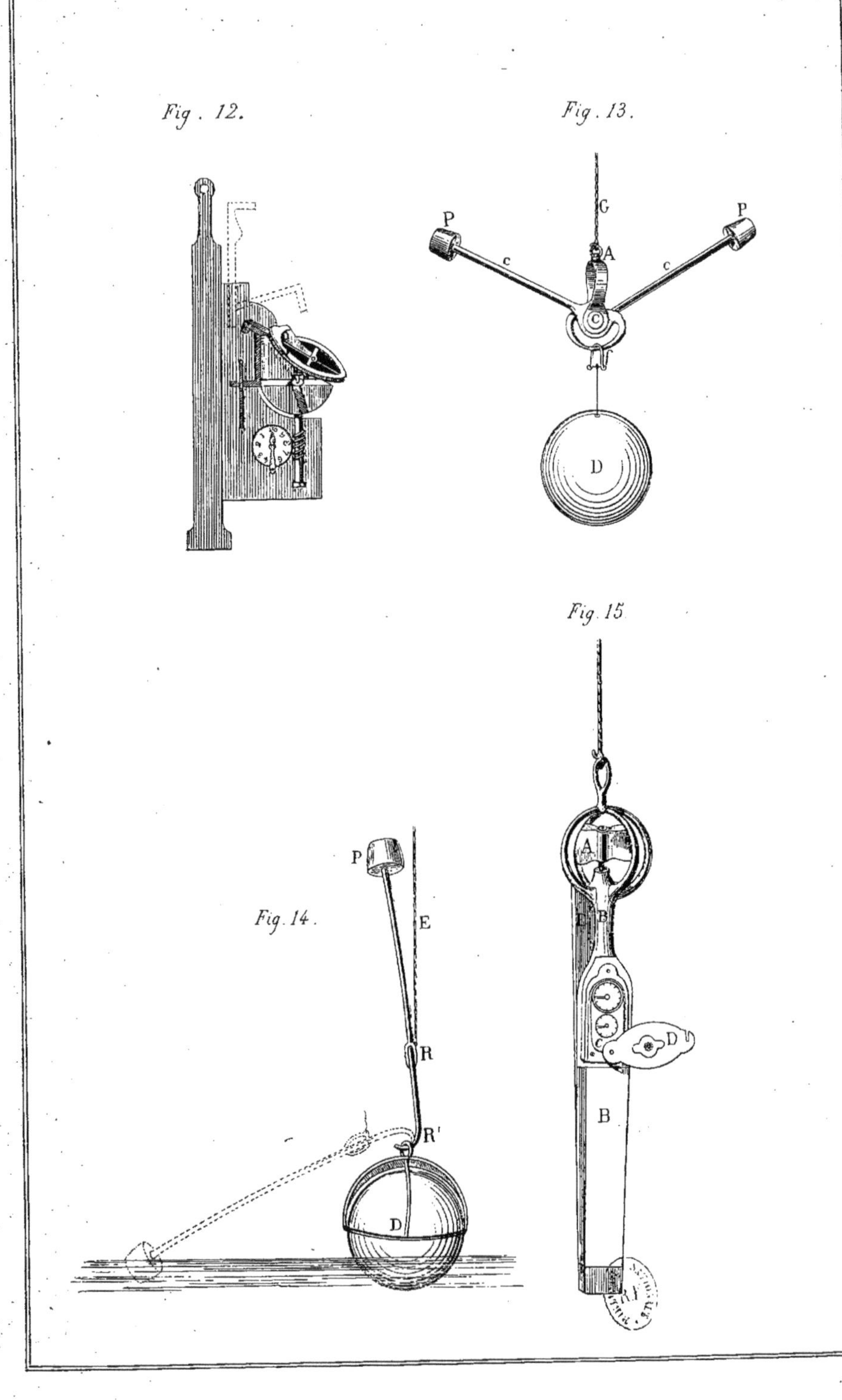
Fig. 12.
Fig. 13.
G
P
A
P
c
c
C
D
Fig. 15
A
E
B
C
D
B
P
Fig. 14.
E
R
R'
D

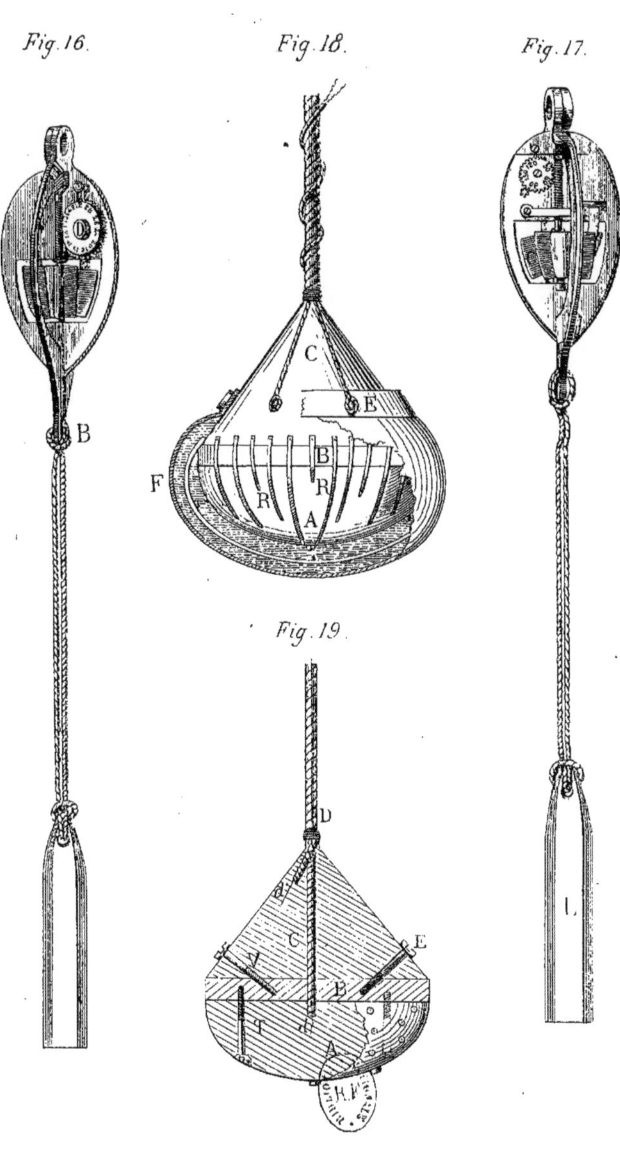
Fig. 16.
Fig. 18.
Fig. 17.
B
C
E
B
F
R
R
A
Fig. 19.
D
C
E
B
A

Fig. 20.

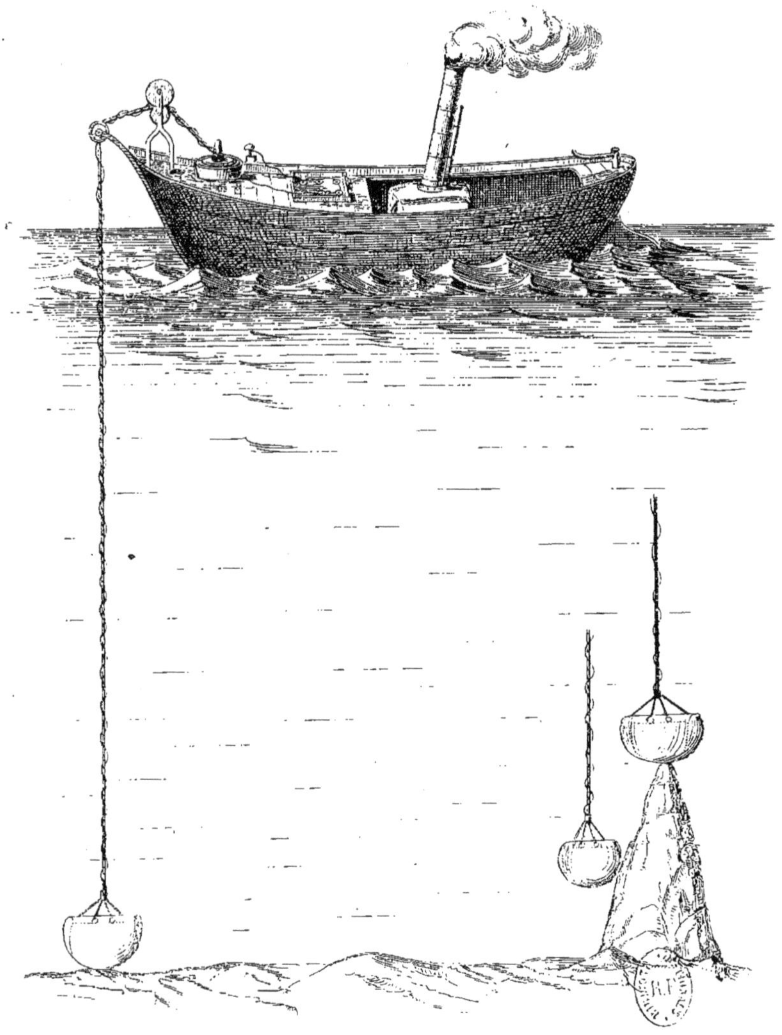

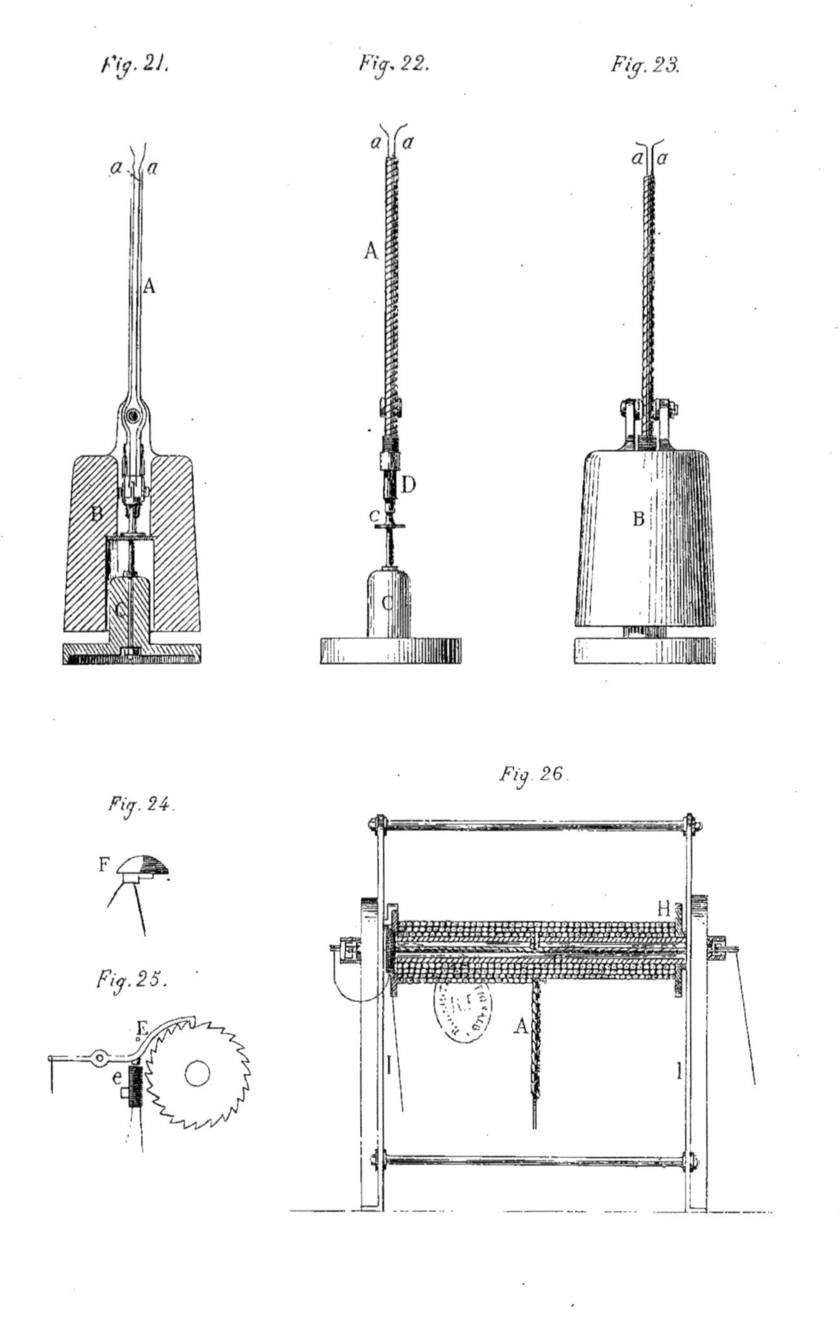
Fig. 21.
a
a
A
B
C
Fig. 22.
a
a
A
D
c
C
Fig. 23.
a
a
B
Fig. 24.
F
Fig. 25.
E
e
Fig. 26.
H
A
I
I

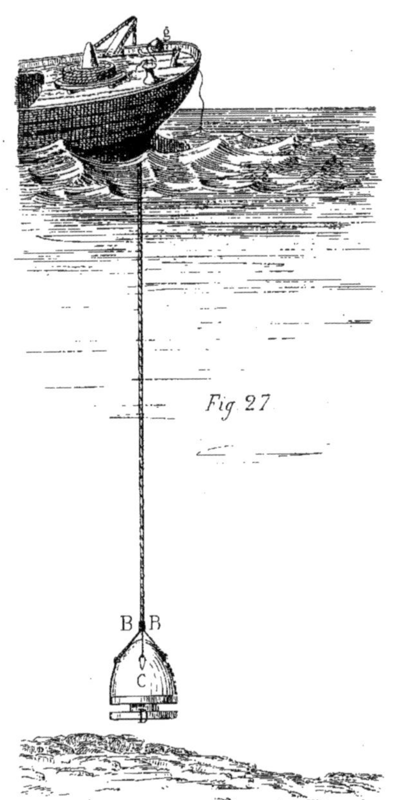

Fig. 27

Fig. 28.

Coupe sur l'Axe.

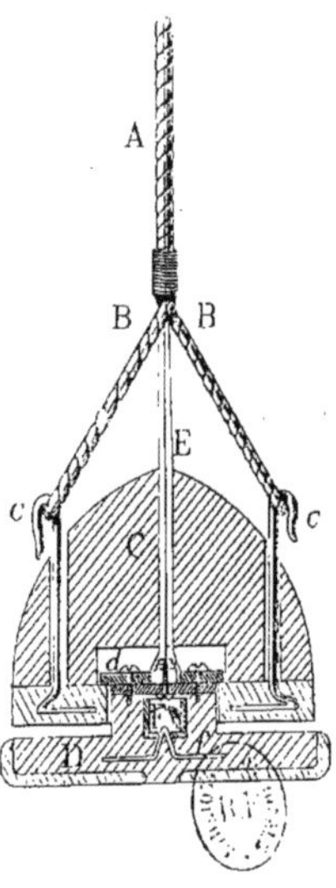

Fig. 29

Coupe sur Axe
Plomb de Sonde
Echelle de 0m10 p. Mtre
f
f'
P

Fig. 30.

Elévation
Plomb de Sonde
Echelle de 0m 10 p. Mtre
f
f'
+
-
P

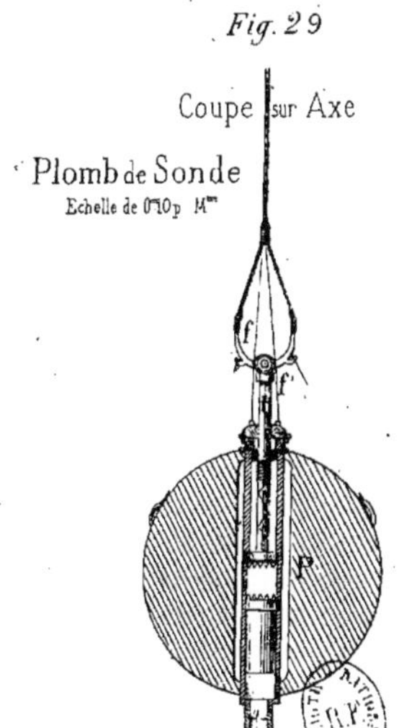

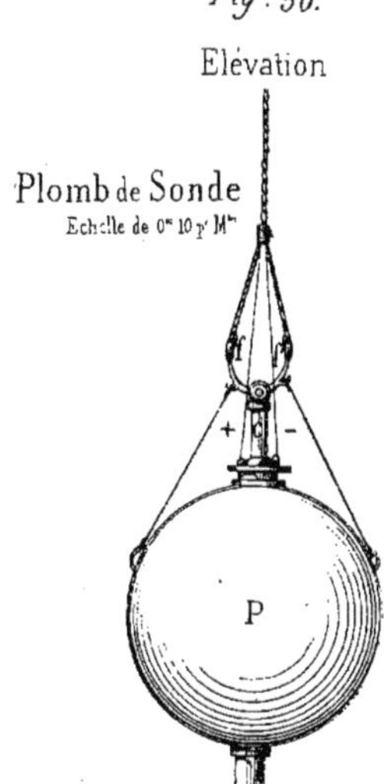

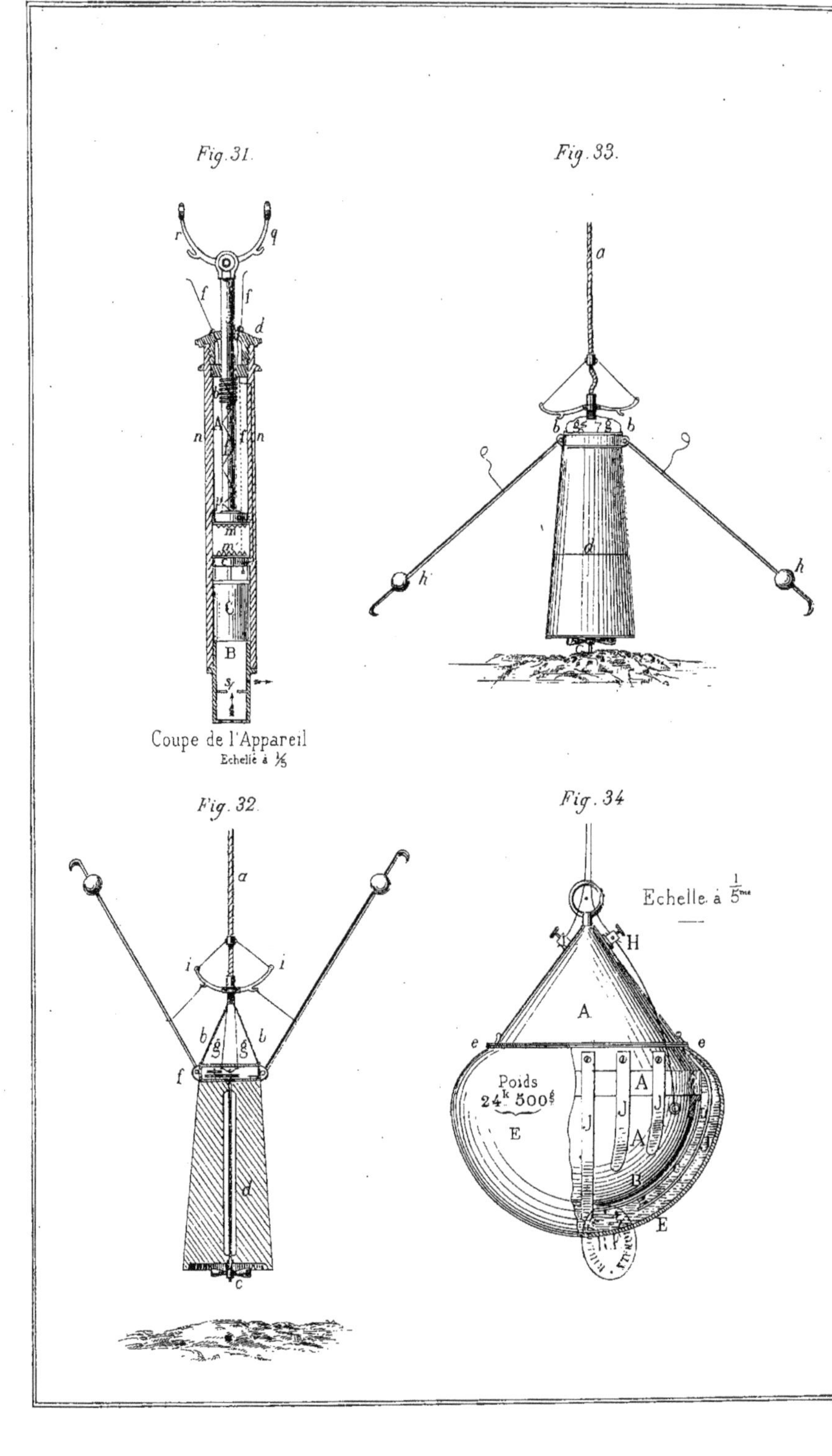
Fig. 31.
Fig. 33.
Coupe de l'Appareil
Echelle à 1/5
Fig. 32.
Fig. 34
Echelle à 1/5me
Poids
24k 500g

PL. VI.

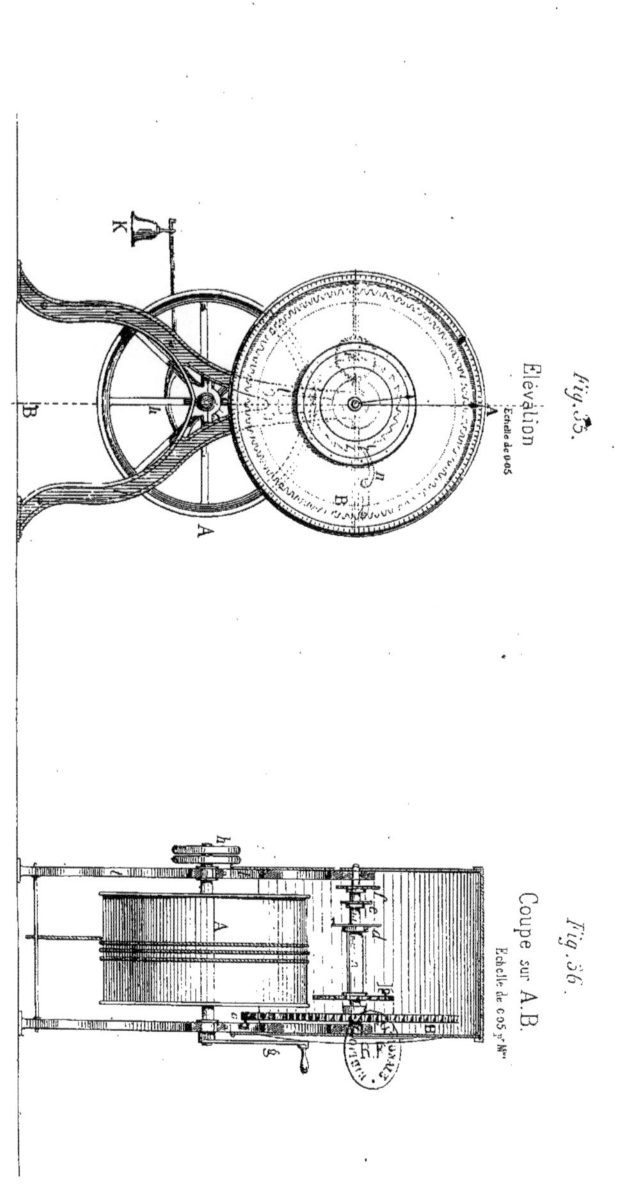

Fig. 35.
Elévation
Echelle de 0.05

Fig. 36.
Coupe sur A.B.
Echelle de 0.05 p. M.

BIBLIOTHEQUE NATIONALE DE FRANCE
3 7531 03970507 5

www.ingramcontent.com/pod-product-compliance
Ingram Content Group UK Ltd.
Pitfield, Milton Keynes, MK11 3LW, UK
UKHW022114190726
13855UKWH00002B/848

9 782013 347761